사이언스 고즈 온

사이언스 고즈 온

바이러스와 싸우는 엄마 과학자

문성실

사랑하는 부모님과 동생
그리고 나의 세 남자
상현, 다엘, 루엘에게

일러두기

- 단행본은 《 》로, 정기간행물, 영화, 드라마 등은 〈 〉로 표시했다.
- 학명은 기울임꼴로 표시했다.
- 이 책에 기록된 내용은 저자의 개인적인 의견이며 소속기관의 의견을 대표하지 않는다.

들어가는 말

✦

과학하는 시간

어슴푸레 새벽이 밝아오는 시간을 좋아한다. 대여섯 개나 되는 알람을 연달아 꺼가며 겨우 일어나 맞이하는 새벽은 작지만 소중한 만족감을 안겨준다. 아무도 없는 휴게실에서 가장 먼저 출근한 자의 특권인 커피를 내리고 밤새도록 전화기 진동을 울려댔던 이메일들을 확인하고 스케줄표를 보며 오늘 해야 할 실험을 손바닥만 한 수첩에 적는다. 웬만한 실험과정들은 따로 프로토콜을 보거나 메모를 하지 않아도 되지만, 농도나 용량이 달라지는 경우가 있어 꼼꼼히 계산을 하고 숫자를 적어 넣는다. 조용히 하루의 시작을 준비하는 시간. 나는 과학을 하는 시간과 공간을 사랑한다.

월화수목금금금으로 살아가던 대학원 시절, 7시 반쯤이면 출근하시던 앞 방 교수님은 음악을 틀어놓고, 커피 향을 풍기며 아침부터 실험대에 앉아있는 날 보며 한 마디 하셨다.

"문 선생! 사이언스는 마라톤이야! 이렇게 달리다가 나중에

어떡하려고 그래?" 눈을 크게 뜨고 나를 나무라는 듯한 말투였지만 나는 그 말씀을 지난 19년 동안 한 번도 마음속에서 지우지 않았다.

2020년은 나와 같은 바이러스 연구자들에겐 역동적인 한 해였다. 바이러스에서 인류를 구해보겠다고 달렸다. 적어도 지난 몇십 년 동안 전 세계가 바이러스에 이 정도로 관심을 가진 적도 없었거니와, 이렇게 짧은 시간 동안 바이러스의 종류, 구조, 단백질, 유전자 변이와 백신에 대한 수많은 정보가 쏟아져 나온 적은 더더욱 없었다. 코로나19 유행 초기에 생물학연구정보센터(Biological Research Information Center, BRIC)에서 코로나19 동향 리포트를 의뢰받았다. 개요를 잡아놓고도 하루에도 수십 편씩 쏟아져 나오는 논문들 때문에 갈팡질팡거리다 마감을 두 번이나 미뤘다. 코로나19를 일으키는 사스 코로나바이러스-2는 과거의 사스바이러스나 메르스바이러스를 겪으며 적을 잘 안다고 생각했던 과학자들의 오만함을 무너뜨렸다. 고개를 꼿꼿이 들고 있다 무너진 건 과학자로서의 내 모습이기도 했다. 무엇이든 해야만 했다. 연구소내 코로나19 진단팀에 지원을 했고, 닥치는 대로 논문을 읽어댔다. "도대체 이 녀석은 뭐지?"라는 호기심 반, 가만있을 수는 없다는 사명감 반으로 쓰기 시작했던 글들은 지난 1년간 죽어가는 수많은 이들을 보며 느꼈던 자괴감을 떨쳐내기 위한 몸부림이었다.

중국의 과학자들이 처음으로 사스 코로나바이러스-2의 유전자 염기서열을 공개한 지 두 달 만에 첫 mRNA 백신이 임상시험에 들어갔다. 10년이 넘는 시간 동안 전통적인 방식으로 백신을 연구하고 있는 나에게는 충격적인 일이었다.

생명체의 복제과정에서 DNA의 유전정보가 단백질로 발현이 되기 위해서는 mRNA(messenger RNA, 전령 RNA)라는 중간 단계를 거친다. mRNA는 세포핵에서 만들어진 다음 세포질로 나와 리보솜ribosome에서 유전정보를 단백질로 생산하는 주형鑄型이 된다. mRNA백신은 기존의 바이러스나 단백질 조각이 아닌 mRNA가 직접 세포 안으로 들어가 세포의 복제 시스템을 이용해 특정 바이러스의 단백질을 자체적으로 생산할 수 있도록 유도하며, 그렇게 만들어진 단백질에 대한 체내의 면역 시스템을 작동시키도록 하는 원리다. 코로나 이전까지 한 번도 승인된 적이 없을 만큼 신기술이지만, 사실 이 기술은 40여 년 전부터 mRNA백신과 치료제 연구를 해온 헝가리 출신 여성 과학자 카탈린 카리코Katalin Kariko의 손에서 시작되었다.

카리코 박사의 연구는 결코 순탄치 않았다. mRNA가 백신이 될 수 있을 거라는 그의 아이디어는 동물에 mRNA를 찔러 넣자마자 무너졌다. 실험에 사용한 동물들이 죽어버렸기 때문이다. mRNA는 동물의 면역체계에 심각한 염증 반응을 일으켰다. 정부와 민간의 연구비를 지원하는 기관들은 그의 실패를 외면했다. 게다가 그가 속해있던 펜실베이니아 대학교는 그의 연구는 실현 가능성이 없다며 연구를 계속하면 교수직을 박탈하겠다고 했다. 그러나 카리코 박사는 부족한 연구비로 연구를 하고, 암 투병을 하면서도, 게다가 영주권 때문에 미국에 입국할 수 없었던 남편과 떨어져 홀로 아이를 키워야 했던 그 시간에도 멈추지 않았다.

카리코 박사는 마침내 mRNA를 이루는 우리딘Uridine에 의해 특정 면역 수용체가 촉발되면서 독성이 생긴다는 것을 밝혀냈다. 그리고 첫 동물실험이 실패한 지 10년 만에 우리딘과 유사하지만 독성을 유도하지 않는 분자인 우리딘유사체Psuedouridine를 통해 동물실험에 성공했다.

펜실베이니아 대학에서 연구원보다 낮은 임금을 받고 교수라는 직함을 박탈당하면서까지 버텼던 이유는 과학 때문이기도 했지만, 조정 국가 대표 선수였던 딸을 위해서이기도 했다. 대학교 직원 자녀에게 주는 학비 감면 혜택이 없이는 딸을 교육시키는 데 경제적으로 부담이 너무 컸다. 카리코 박사의 연구가 입증되고 특허를 받았어도 펜실베이니아 대학교는 그를 복직시키지 않았다. 결국 그는 mRNA 백신을 만들겠다는 꿈을 품고 바이오엔텍의 수석 부사장으로 자리를 옮겼다. 카리코 박사는 현재 화이자-바이오엔텍의 코로나 백신 연구 책임자이다. 2017년 그는 쥐와 원숭이 실험을 통해 지카바이러스에 대한 mRNA 백신의 효과를 입증했고, 2020년 에드워드 제너부터 시작된 백신의 200년 역사를 송두리째 바꾸어 놓았다.

지난 3월, 나는 두 번째 코로나 백신 접종을 마쳤다. 코로나로 일주일에 두세 번 출근하던 일정을 거의 매일로 늘렸고, 새로운 연구 계획도 세웠다. 여행제한이 해제되면 기술 이전을 위한 출장과 작년에 취소된 학회에도 참가할 준비를 해야 한다. 내 팔에 찌른 두 번의 mRNA 백신으로 인해 이제 서서히 내가 사랑하는 일상으로 달려갈 채비를 하고 있다.

이 책의 반 이상은 코로나19와 함께 썼다. 미국이란 나라에서 내가 경험한 코로나의 시간은 다양한 정체성을 지닌 나의 눈으로 멈추어버린 모든 것을 속속들이 들여다보는 시간이었다. 그때마다 카리코 박사의 삶이 겹쳐졌다. 과학자이자, 여성, 엄마이자 외국인인 그의 삶이 나의 정체성과 꼭 닮았기 때문이다.

무조건 앞만 보며 달리던 나를 나무랐던 교수님의 '사이언스는 마라톤이야'라는 말의 의미를 나이를 먹어갈수록, 내 삶의 역할이 하나씩 늘어날수록 더 깊이 깨닫게 된다. 어쩌면 과학은 결승점이 있는 마라톤이 아닐지도 모르겠다. 카리코 박사가 가장 행복했다는 공간인 실험실, 그리고 그가 행했던 과학은 그에겐 일이 아닌 즐거움이었으니까.

과학은 끝이 없이 계속되는 것이기에 오늘도 나는 기꺼이 과학을 하며, 어김없이 과학의 공간과 시간을 사랑한다.

사이언스 고즈 온.

Science Goes On.

차례

✦

외국인 과학자

엄마 과학자

바이러스-백신을 연구합니다

우리는 준비되지 않았다

✦

9월 2일

서아프리카 해안 외곽

유리처럼 맑은 날과 바다. 우리는 아침에 일어나자마자 세 명의 사망자가 선상에서 나왔다는 보고를 듣고 엄청나게 우울해졌다. 그들의 장례burial는 오전 11시에 열렸으나, 시신은 네 구였다. 오늘 오후에 두 번의 장례가 더 있었고, 또 다른 죽음이 있었다. 다른 배들도 장례로 바쁘다. 사망자 중 한 명은 아름다운 클라리넷 연주자였다. 이 병의 이상한 점은 젊고 강한 남성들이 가장 심하게 앓고 죽는다는 것이다. 그들 중에는 내가 아는 이름도 있었다. 오늘은 질서 정연하다. 나는 오늘 음식을 조금 먹을 수 있었고, 기분은 훨씬 좋아졌다.

1918년 뉴질랜드를 떠나 1차 세계대전 참전을 위해 항해했던 한 군인의 일기✦다. 그는 정어리를 켜켜이 쌓아 놓듯이 밀폐된 배의 빽빽한 공간에서 다른 군인들과 함께 생활했다. 1918년 가을, 인플루엔자 대유행의 물결이 오기 직전, 그 배 안에서는 많은 이들이 너무 쉽게 죽어갔다. 이 군정에 탔던 어느 누구도 1차 세계대전을 경험하지 못한 채, 전쟁은 1918년 11월 11일에 끝이 났다. 그러나 승선한 1117명 중 90퍼센트 이상이 인플루엔자에 감염되었고, 77명이 사망했다. 이 일기의 주인공도 인플루엔자에 감염되었다 회복되었다. 그의 일기에는 밀폐된 공간에서의 인플루엔자의 역학적 의미와 함께 전쟁의 공포보다 전염병의 공포가 더 크게 드리워졌던 실상이 고스란히 담겨 있다.

인플루엔자는 인류와 오랜 시간 함께해온 질병이다. 중세 의사들은 별의 위치나 추위의 "영향influenza"을 받아 이 병에 걸린다고 생각했다. 그래서 18세기 이탈리아에서부터 이 병을 인플루엔자라고 부르기 시작했다. 중세에 흑사병이 있었다면, 20세기에는 인플루엔자가 인류를 위협하는 전염병이었다.

1918년 봄, 미국 캔자스의 미군 진영에서 인플루엔자의 최초 감염 사례가 보고되었다. 그들은 1차 세계대전 참전을 위해 유럽으로 파병되었고, 다시 미국으로 돌아왔을 때, 인플루엔자는 그들과 함께 더욱더 강력해져 돌아왔다. 100여 년 전, 사람들은 어떻게 이 무시무시한 전염병의 원인을 찾아냈을까?

'세균학의 아버지' 로베르트 코흐Robert Koch의 제자인 리처드 파이퍼Richard Pfeiffer는 1892년 인플루엔자가 유행하는 동안 환자

✦ Pandemic Influenza Outbreak on Troop Ship- Diary of a Soldier in 1918, Jennifer A. Summers, Emerging Infectious Disease, Vol 18 (11), November 2012.

의 폐와 가래에서 박테리아를 분리해냈다. 파이퍼는 그 박테리아가 인플루엔자의 원인이라고 믿었고, 사람들은 이를 "파이퍼 인플루엔자 바실러스*(B. Influenzae)*"라는 이름으로 불렀다. 1918년 동일한 증상의 인플루엔자 팬데믹이 닥쳤을 때, 근거는 충분하지 않았지만 과학계와 의학계의 많은 이들이 파이퍼의 의견을 수용했다. 물론 반대론자들도 있었다. 폐렴구균이나 연쇄상 구균 등이 원인이 될 수 있다는 주장을 하는 이들도 있었고, 모든 인플루엔자 환자에게서 인플루엔자 바실러스가 검출되지 않았다고 반박하는 이들도 있었다. 1919년 미국의학협회저널(JAMA)에 실린 논문에는 인플루엔자 바실러스는 독소를 만들어내며 이 독소는 필터를 통과할 수 있는 물질일 뿐 아니라, 토끼를 몇 시간 만에 사망시킬 수 있을 만큼 강력하다는 실험 결과를 발표했다.

여러 논란에도 불구하고 뉴욕시 보건국의 윌리엄 H. 파크 William H. Park 박사는 파이퍼의 인플루엔자 바실러스가 팬데믹 인플루엔자의 원인이라 확신하고 백신 개발에 착수한다. 폐렴구균 백신을 개발 중이던 필라델피아의 폴 루이스Paul Lewis 박사는 폐렴구균 백신에 인플루엔자 바실러스 백신을 첨가하는 새로운 백신 개발을 시도했으며, 1918년 10월 19일 연쇄상구균, 폐렴구균, 인플루엔자 바실러스의 혼합 백신을 생산해냈다. 그 후, 다양한 지역에서 약 10만 명을 대상으로 임상실험이 시행되었으나 뚜렷한 백신의 효과는 밝혀내지 못했다. 이유는 팬데믹 인플루엔자는 인플루엔자 바실러스라는 박테리아가 아닌 바이러스에 의한 질병이었기 때문이다. 현재를 사는 이들은 다 알고 있는 이 전염병의 실체는 세계적으로 약 5000만 명이 사망한 팬데믹 종료 후 십수

년이 지난 1930년대가 되어서야 박테리아가 아닌 바이러스임이 밝혀진다. 파이퍼의 인플루엔자 바실러스는 b형 헤모필러스 인플루엔자, 즉 뇌수막염을 일으키는 원인균이었다. 1918년 당시 박테리아로 알고 있었던 이 바이러스의 유전자는 어떻게 밝혀지게 된 걸까?

1951년 미국 아이오와 대학교 박사과정생이던 요한 훌틴Johan Hultin은 1918 인플루엔자 바이러스를 찾기 위해 알래스카의 작은 마을 브레비그 미션으로 탐험을 나선다. 그가 알래스카로 간 이유는 1918년 당시 인플루엔자로 집단으로 사망한 알래스카 이누이트 부족의 시신이 영구 동토층에 매장되었기 때문이었다. 그는 영구 동토층에 매장된 시신은 부패되지 않은 채 1918년 과거의 바이러스를 품고 있기 충분하다고 생각했다. 훌틴은 마을 장로들에게 허락을 받고 영구 동토층에 묻혀 있던 소녀의 시신에서 폐조직 샘플을 채취한다. 그는 그 폐조직을 아이오와로 가져와 바이러스 분리를 위해 달걀에 주입했다. 그러나, 아쉽게도 1918년 유행했던 인플루엔자 바이러스 분리에 성공하지 못했다.

생명과학 분야에서는 1970년대 후반이 돼서야 유전자 서열을 분석할 수 있는 기술이 개발되었다. 훌틴은 46년이 지난 1997년 두 번째 탐험을 떠났다. 당시 미군 병리학연구소의 제프리 타우벤버거Jeffery Taubenberger 박사팀은 연구목적으로 보관 중이던 1918 인플루엔자로 사망한 미군의 폐조직에서 인플루엔자 바이러스 RNA 추출에 성공했고 1918 인플루엔자 바이러스의 8개 유전자 조각 중 3개의 단편 서열을 분석할 수 있었다. 훌틴은 이들과 함께 알래스카 영구 동토층에 매장된 "루시"란 이름의 이누이트 여성의 폐조직과 연구를 위해 보존해 놓았던 전사 군인들의 폐조직에서 1918년 팬데믹을 일으켰던 인플루엔자 바이러스 유전체를 분석해냈다.

많은 이들의 예상과는 달리 1918 인플루엔자 바이러스는 조류에서 인간으로 전염된 것이 아닌 돼지의 인플루엔자 바이러스와 유사함이 밝혀졌지만, 바이러스의 8개 조각의 전장 유전체를 밝혀내는 데는 수많은 과학자들의 노력과 10년이란 세월이 더해졌다.

1918년 이후, 인류는 세 번의 다른 인플루엔자 유행과 마주했다. 1957년 조류 인플루엔자(H2N2)와 1968년 홍콩 인플루엔자(H3N2)는 각각 약 100만 명을 죽음에 이르게 했고, 2009년 신종 인플루엔자(H1N1, 돼지독감)로는 약 25만 명이 사망했다. 유전적으로 다르지만 몇 번의 반복되는 인플루엔자 유행으로 인류는 바이러스와 함께 살아가는 법을 익혔다. 바이러스에 대항하고, 바이러스를 물리칠 수 있는 능력을 길러온 것이다.

우리는 적군을 안다. 우리의 적이 박테리아가 아닌 바이러스라는 사실을 안다. 의학적으로는 백신과 치료제가 개발되었으며, 과학적으로는 감염환자가 발생하면 유전자 분석을 수일 내로 끝내고 전 세계와 공유하는 시대가 왔다. 세계보건기구(WHO)는 글로벌 인플루엔자 감시 및 대응 시스템(GISRS)을 조직해 인플루엔자 바이러스의 변이를 모니터링하는 역할을 함으로써, 지구 공동체 내에서 세계 경제와 사회를 유지하기 위한 방어 체계를 구축해왔다. 그런데 왜 지금, 우리는 코로나19를 이토록 혹독하게 마주하고 있는 것일까?

피츠버그 대학의 바이러스 학자인 도널드 버크Donald Burke 박사는 팬데믹을 일으킬 가능성이 있는 바이러스들에 대한 경고를 해왔다. 첫 번째는 인류 역사상 전 세계 유행을 일으킨 바이러스 종류—오르소믹소바이러스(인플루엔자), 레트로바이러스(인간 면역결핍 바이러스)—, 두 번째는 인간이 아닌 동물 집단에서 큰 유행을 일으킬 수 있는 능력이 입증된 바이러스—오르소믹소바이러스, 파라믹소바이러스(센드라, 니파), 코로나바이러스(사스, 메르스)—, 마지막으로 내재적 진화 가능성 즉, 돌연변이로 인해 인간에게 신종 질병으로 나타날 가능성이 있는 바이러스—레트로바이러스, 오르소믹소바이러스, 코로나바이러스—를 제시했다. 코로나19의 등장과 버크 박사의 예상이 들어맞은 것은 결코 우연히 아니다.

1918년은 1차 세계대전으로 군대의 이동과 동원이 잦았고 많은 이들이 과밀한 공간에서 생활했다. 첫머리에서 언급한 군함의 경우는 켜켜이 쌓인 숙주가 어떻게 바이러스의 전파능력을 높이는지 충분히 보여준다. 현재 우리는 밀폐된 공간이 많고 인구가 밀집된 도시에서 살아간다. 미국 최고 인구 도시 뉴욕이 중국의 확진자 수를 뛰어넘은 것은 숙주의 밀집된 환경이 바이러스가 서식하기에 최적의 환경임을 입증한다.

1차 세계대전엔 유럽 국가와 미국 외에도 남미, 아시아의 동맹국들이 참전했다. 그들이 해로와 육로로 전 세계를 바이러스와 함께 누볐다. 글로벌 시대의 우리는 중국에서 시작된 코로나19를 항로와 육로로 전 세계에 전파하고 있다.

1918년 의료 시스템은 제대로 작동하지 못했다. 미국의 경우 30퍼센트 넘는 의사가 전쟁에 참여했고, 민간에는 의사와 간호사가 부족해 의대생까지 임시병원으로 나갔다. 그 후 전염병보다 만성질환 위주로 발달한 현대 의료 시스템은 전염병을 방어하는 데 취약하다. 의학과 과학 발전을 위한 연구비는 전염병보다 만성질환과 노화를 대상으로 옮겨갔다.

100년이 지나 기술과 환경이 바뀌고 인류의 바이러스를 정복할 수 있다는 믿음은 오히려 발전된 인류에 의해서 이렇게 산산이 부서졌다. 전염병에 대한 방어체계는 인류의 착각이었다. 그마저도 각 국가의 경제·정치·문화적 영향으로 촘촘한 대응이 아닌 느슨한 각개전투가 되어버렸다. 바이러스는 결코 약해지지 않는다. 오히려 인류 사회가 발전하면서 살아가는 모양새가 바이러스에게 적합한 환경이 되어가고 있다.

미국 질병관리예방센터(CDC) 산하 국립 면역 호흡기 질환 센터의 낸시 메소니에Nancy Messonnier 국장은 미국의 코로나 사태 초기에 이렇게 이야기했다. "이제는 코로나19의 전파가 일어날 것이냐가 문제가 아니라, 정확히 언제 일어날 것인지가 문제이다." 이 말은 버크 박사가 언급한 모든 종류의 바이러스에 대입해볼 수 있는 말이다. "그날과 그때는 알지 못하나" 그들은 꼭 다시 나타날 것이다.

의학·과학계와 더불어 정치, 경제를 포함한 인류 사회 전반이 언제 다시 올지 모르는 전염병에 대처해야 할 이유가 여기에 있다. 100년 후의 인류 또한 눈에 보이지 않는 바이러스라는 적과 계속 싸워야 할 터이니 말이다.

우리는 아직 준비되지 않았다.✦

✦ APCTP 크로스로드에 기고한 글을 다듬어 실었다.

낙인

✦

2019년 12월, 중국의 우한 지방에서 급성 폐렴 증상을 보인 환자가 발생했다. 이후 수백 명의 사람들이 감염되었으며, 일본, 태국, 호주, 한국을 넘어 미국까지 발병이 확산되었다. 한국 언론에서는 이 병을 "우한 폐렴" "우한 바이러스"라고 불렀다. 난 이 말이 듣기 불편했다.

1993년 유타, 애리조나, 뉴멕시코, 콜로라도주가 만나는 포코너스four corners 지역의 나바호 아메리카 원주민이 폐증후군으로 사망했다. 원인은 한타바이러스 중에서 동아시아 지역에서 발병하는 유행성 출혈열(신증후군)을 일으키는 것이 아닌 폐증후군을 일으키는 새로운 바이러스였고 바이러스를 분리해 지역 이름을 따서 포코너스 바이러스라고 명명했다. 주민들은 자신들의 지역 이름을 딴 바이러스 명명에 항의를 했고 결국 이 바이러스의 명칭은 신 놈브레Sin Nombre 바이러스로 바뀌었다. 신 놈브레는 '이름이 없다'는 뜻의 스페인어이다. 에볼라바이러스는 콩고 민주공화국의 에볼라강에서 그 이름을 따왔고, 마버그바이러스는 독일 마버그 대학에서, 니파바이러스는 말레이시아의 선게이 니파 마을에서 유래되었다. 대학원 재학 중에는 야생쥐를 채집해 바이러스를 분리하면 지역 이름을 붙이곤 했다. 그때만 해도 새로 발견된 바이러스에 지역 이름을 붙이는 것이 '원조'를 나타내는 훈장 같았다.

지역 이름을 딴 바이러스만 있는 것은 아니다. 우리는 불과 몇 년 전 인간에게 감염되는 몇몇 독감을 조류독감이나 돼지독감으로 불렀다. 조류나 돼지에게만 감염되던 독감 바이러스가 인간에게 감염을 일으켰기 때문이다. 이렇게 동물 이름을 붙인 독감이 유행하면 축산 농가는 큰 피해를 입었다.

2013년 에볼라 대응이 끝나고 내가 소속된 연구소 박물관에서는 에볼라 대응에 대한 전시와 테드 강연TEDmed을 개최했다. 어떻게 에볼라 유행에 대응했고, 어떤 역학조사를 했는지, 어떤 물품들을 현장에 들고 갔고, 어떻게 간이 실험실을 만들었는지에 대한 자료들과 당시의 공포와 위험을 오롯이 담은 서아프리카 현지의 사진들을 전시했다. "절대 락스를 마시지 말 것"이라는 글씨가 쓰여 있는 사진이 한눈에 들어왔다. 그 당시 몹쓸 병에 걸렸다는 생각에 락스를 마시면 병이 나을까 싶어 실제 락스를 마신 사람들도 있단다. 하얀 천으로 둘러싼 시체들을 매장하는 서아프리카 사람들과 환자가 사망했을 시에 행하던 종교의식으로 감염이 증폭된 경우가 있어 그들의 종교의식에 대한 설명도 한편에 있었다. 가장 눈길을 끌었던 건 맨 마지막에 "나는 생존자입니다. 바이러스가 아닙니다I am survivor and not a virus"라는 글씨와 함께 얼굴이 정면으로 찍힌 사진이었다.

2014년 타임지는 에볼라에 맞서 싸운 이들(에볼라에 감염되었던 의료진)을 올해의 인물로 선정했다. 이들 대부분은 다시 아프리카로 돌아갔다. 이들에게는 신앙적 인도주의적 사명감과 더불어 에볼라 생존자라는 낙인Stigma이 찍혀 있었다. 마을을 이루고 살아가는 서아프리카 사람들에게도 에볼라는 낙인이었다. 에볼라 환자가 발생한 집은 마을에서 고립되었으며 격리되어 치료받고 완치된 이들도 다시 자신이 살던 마을로 돌아갈 수 없었다. 실제 에볼라 대응에 참여했던 TED 연사는 완치자 한 명이 베이스캠프에서 자원봉사하면서 살게 해달라고, 다시 마을에 돌아가면 낙인이 찍혀 살 수 없다고 간곡히 부탁을 했다고 이야기했다. 이에 시에라리온 정부는 에볼라 완치자에게 "생존자 ID"를 발급했고, 생존자들은 자신들에게 쏟아진 낙인을 지우고자 노력했다.

한국의 메르스도 예외는 아니다. 초기 대응 미비로 걷잡을 수 없이 퍼졌던 한국의 메르스는 생존자들에게 삶의 공간을 잃게 만들었다. 다니던 직장에서 쫓겨났으며 합병증과 외상 후 스트레스 증후군으로 일상생활이 불가능해졌다.

위협적인 바이러스의 잔상은 이렇게 남는다. 우연히 동물 곁에 있다가, 우연히 감염자 곁에 있다가, 우연히 그런 환자를 돌보다 감염된 것이지, 그들이 불결하고 부정직해서 전염을 확대시킨 것이 아니다. 전염병을 바라보는 시선은 사회의 편견에 의해 왜곡된다.

WHO는 기존의 사람 이름이나 지역 이름으로 전염병의 이름을 명명하던 관행을 2015년부터 바꾸기 시작했다. 특정 지역, 사람, 동물이나 식물의 종의 이름이 병명으로 불릴 때 우리 사회에 미치는 경제적, 문화적, 사회적 문제를 통감했기 때문이다.

많은 사람들이 '우한 코로나바이러스'로 명명될 것이라고 생각했던 신종 코로나바이러스는 2019-nCoV로 명명되었다가 계통학적 관점으로 기존의 사스 코로나바이러스와 유사해 '사스 코로나바이러스-2(SARS-CoV-2)'로 명명되었다. 이 바이러스가 일으키는 증상은 코로나19(COVID-19)라는 공칭 명칭을 얻게 되었다. WHO의 새로운 명명 시스템이 제대로 작동된 것이다. 앞으로 신종 전염병 이름은 증상을 나타내는 단어, 병원균의 계통수 그리고 계절 등의 특수한 상황에 대한 설명이 들어간 것으로 지어질 가능성이 높다.

한국의 언론은 코로나19 초기 "우한 바이러스" "우한 폐렴"이라고 명명했고, 댓글엔 중국인들을 혐오하는 내용이 셀 수 없이 달렸다. 이미 "우한"이란 지역 이름에 낙인을 남긴 것이다. 반대로 생각해봐야 한다. 난 여전히 연구소 한편에 붙어 있는 '한국 방문 시 메르스 감염 주의'라고 적힌 작은 포스터를 볼 때면 마음이 서늘해진다. 한국에서는 이미 잊혀진 기억이 세계 어딘가에 이렇게 작은 낙인이 되어 상처를 남긴다.

신의 가호를…

✦

코로나19가 전 세계를 강타해 봉쇄령이 발동한 지 100일이 다 되어가고 있다. 미국은 100만 명의 확진자가 나왔다. 내가 사는 조지아주는 2만 명이 넘는 확진자와 1000여 명이 사망했는데도 불구하고 우선 미용실, 이발소, 타투숍과 네일숍의 영업을 다시 허가했다. 이번 주 초부터는 식당들도 영업을 재개하란다. 반면에 자택 대기령은 계속 발효 중이다. 밖에 나가지 말라면서 비즈니스를 시작하라는 모순된 정책이 이어진다.

뒷마당 텃밭에서는 시어머니가 심은 상추가 미친 듯이 자란다. 남부 토네이도 시즌에는 억수 같은 비가 쏟아지고 바람이 불지만 여리디 여린 상추 잎은 날로 쑥쑥 자라만 간다. 코로나19 초기, 우리 식구가 매일 상추만 먹을 수는 없으니 아이들 놀 때 같이 뒤뜰에 나가 보이는 대로 상추 잎을 따서 혹여나 숨이 죽을까 씻지도 않고 봉투에 담아 우체통에 넣어두었다. 우리 집 가까운데 사시는 지인들께 장 보러 갔다 우리 집 우체통에 들러 드라이브 스루로 가져가라 일러두었다. 이젠 그마저도 쉽지 않다. 코로나19로 인해 일주일에 한두 번 출근을 하는 내가 나누는 음식이 혹여나 상대방에게 불쾌감을 주지 않을까 조심스러운 마음에 작은 녀석 가슴 높이만큼 자란 상추를 그냥 내버려두었다. 가끔 날이 좋은 날, 뒷마당에서 바비큐를 할 때면 한 움큼씩 따서 구색을 맞추지만 상추의 자라는 속도를 따라가지는 못한다.

내가 일하는 연구소는 전염병 등의 건강을 위협하는 일들이 발생하면 전담부서만이 아닌 다른 부서 사람들도 자발적으로 지원을 한다. 몇 년 전 아프리카에서 에볼라가 발병했을 때, 몇몇 동료들은 하는 일들을 접고 아프리카로 날아갔다. 모두 다 자원해서 최장 6주간 파견을 간 것이다. 코로나19도 마찬가지이다. 연관 부서가 가장 먼저 대응했지만 전염병이 퍼지는 속도와 심각성을 고려해서 한 부서나 몇몇의 일부 사람들만이 그 무게를 다 지고 가지 않는다. 물론 리더 그룹은 정해져 있지만, 그 밑에서 일하는 사람들은 유동적으로 돌아가면서 일을 맡는다. 나는 아이들 때문에 아프리카로 혹은 미국 전역으로 날아가 현장에서 지원하지는 못하지만, 실험실에서 할 수 있는 일에 자원했다. 에볼라 유행 때는 에볼라 백신 관련 실험을, 메르스 때와 이번 코로나19는 진단 관련한 실험실 지원에 나섰다.

한국의 보도를 보면 하루에 진단할 수 있는 진단 건수가 어마어마하게 높게 나온다. 그 숫자 뒤에는 무엇이 있을까. 전염병 응급 대응 때면 진단 실험실 지원에 나섰던 나는 그 숫자 뒤의 사람들이 보인다. 직접 환자를 대면하고 환자의 검체를 수거하는 이들과 환자를 돌보는 의료진들은 미디어에 노출되는 확률이 높아 이들만 부각되기 쉽다. 그러나 또 다른 사람들의 헌신도 있다. 한국의 진단 시약이 히트를 치면서 진단 시약을 생산하는 기업들의 노력도 높이 평가되고 있다. 전국 보건소, 환경 평가원과 진단 시설을 갖춘 중대형 병원들의 실험실에도 밤낮없이 진단을 위해 애쓰는 사람들이 있다.

한국의 시스템을 세세히 알 수 없지만, 미국에서 동일한 일을 하면서 그 과정을 설명하자면, 환자의 샘플은 이중으로 밀폐된 용기에 담겨서 실험실로 옮겨진다. 샘플과 환자의 정보가 정확하게 맞는지 하나하나 확인하고 검체 관리 시스템에 입력하고 바코드를 붙인다. 환자의 검체에서 유전자를 추출하기 위해서 혹은 환자 검체 보관 목적으로 작은 튜브에 검체를 분주分株한다. 이 과정이 실험실에서 행해지는 일들 중에 가장 위험한 작업이다. 보호복을 입고 N95 마스크를 쓰고 보호안경을 쓰고 실험실에 들어간다. 실험실에는 생물안전 캐비닛이 있고, 연구자들은 그 캐비닛 앞에 앉아서 손을 유리벽 안쪽으로 넣어 검체를 다룬다. 사람들은 검체만 채취하면 그것을 바로 실험실로 옮겨 검사를 시행하는 줄 아는데, 사실은 그렇지 않다. 검체에서 유전자를 추출하는 과정도 추출한 유전자를 가지고 리얼타임 PCR(Polymerase Chain Reaction) 검사를 하는 과정도 하나의 검체만으로는 진행하지 않는다. 여러 검체를 한꺼번에 모아서 한꺼번에 추출하고 기계를 돌려야 시간과 시약을 절약할 수 있다.

추출한 유전자를 증폭하는 과정은 바이러스의 하나의 유전자만을 검출하는 것이 아니라 최소한 2개 이상의 유전자 부위를 증폭시켜서 정확도를 높인다. 검체 하나당 2개 유전자와 유전자 추출이 제대로 되었는지 확인하는 컨트롤 유전자를 포함해 총 3개의 유전자를 시험해야 한다. 그렇게 나온 결과의 그래프가 눈에 띄게 양성을 보이거나 음성을 보이는 검체는 쉽게 판별이 가능하지만 2개 중 하나의 유전자만 양성이 나온 경우는 재검사를 해야 한다. 미디어에서 여섯 시간에서 네 시간으로 두 시간 단축했다는 진단법에 대한 이야기도 나오지만 실험과정에 있어서 단 몇 시간의 단축은 큰 의미가 없다고 생각한다.

각각의 과정은 교차오염을 막기 위해 다른 장소에서 다른 연구자들이 수행한다. 위험한 과정이거나 그렇지 않거나, 시간이 오래 걸리거나 그렇지 않거나, 실험실에서 일하거나 사무실에서 일하거나, 각 과정에서 일하는 모든 이들의 어깨에 놓인 책임의 무게는 결코 가볍지 않다. 특히나 전 세계적인 전염병에 지금도 격리시설에서 진단 결과를 기다리며 조마조마하고 있는 사람들을 생각하면 말이다.

다행히 내가 지원한 팀은 연구자들의 사회적 거리를 유지하면서 최소한의 인원이 공간이 겹치지 않도록 시간표를 짜서 움직인다. 여러 사람이 팀을 짜서 돌아가기 때문에 매일 실험실에 나가지 않아도 된다. 그럼에도 늘 실험실 앞에 설 때면 느껴지는 오묘한 감정이 있다. 오늘도 보호복을 입고, 마스크를 쓰고 보호안경을 썼다. 연두색 니트릴 장갑을 두 겹으로 꼈다. 몇 발자국 움직이지 않아도 턱턱 숨이 막힌다. 하루를 시작하는 긴장감은 보호안경에 서리는 김처럼 스멀스멀 올라온다.

직원 전체 영상회의 마지막에 제일 높으신 분이 말한다.

"신의 가호가 있기를! God bless to you!"

평범한 과학자

✦

"과학자라면서요?"

"와우, 전 태어나서 과학자 처음 봐요? 어떤 걸 연구하세요?"

아들의 친구 생일파티에 갔다가 나의 정체를 알게 된 이웃들이 물었다. 나는 박사보다 과학자라는 호칭이 좋다. 물론 박사나 과학자나 다른 사람들에게 '나의 과학'을 지루하지 않게 설명하기란 쉽지 않지만 말이다.

미국인들이 가진 과학자에 대한 이미지는 괴팍하거나 사회성이 떨어지지만 머리는 좋을 것 같은 전형적인 너드Nerd나, 아이들의 경우 지구를 위협하는 악당이다. 시트콤 〈빅뱅 이론〉에 나오는 MIT 다니는 이들을 떠올려보면 너드의 개념이 확 와닿는다. 우리 아이들이 좋아하는 〈파자마 삼총사〉에서 악당은 매드사이언티스트인 '로미오'이며, 대사까지 줄줄 외는 〈캡틴 언더팬츠〉에서는 천재이자 과학 선생님인 '푸피 팬츠 박사'가 악당으로 나온다.

영화 속에서 과학자의 모습을 찾기도 한다. 〈콘텍트〉의 외계인의 신호를 듣는 전파 천문학자인 엘리 애로웨이 박사, 〈백 투 더 퓨쳐〉에서 타임머신을 만들어낸 브라운 박사, 〈아이언맨〉 속 화학자이자 물리학자로 하이테크 슈트를 개발하는 토니 스타크 등이 있다. 현실의 과학자를 꼽으라면 많은 사람들이 아인슈타인이나 스티븐 호킹 등의 위대한 과학자를 기억해내곤 한다.

이들은 내가 하는 과학을 대변하지는 못한다. 아니, 그 앞에 명함을 내밀기엔 내 과학은 참 초라하다. 과학자는 무엇인가 상품을 만들어내는 사람이 아니다. 특히 나와 같은 실험 과학자는 아인슈타인이나 스티븐 호킹처럼 모든 것을 수식으로 설명하며 위대한 이론을 내놓지는 못한다. 자연현상의 원인을 밝히기 위해 가설을 세우고 실험을 통해서 그 가설을 증명하며, 그리고 그 답을 찾아가는 지난한 과정을 기꺼이 기쁨으로 누리는 이들이 내가 생각하는 과학자다. 그래서, "공무원이에요" 혹은 "연구원이에요"라는 말보다 "과학자예요"라는 대답을 더 좋아한다.

사람들이 내게 당신의 과학은 무엇이냐고 물으면, "바이러스 백신을 만들어요"라고 대답한다. 간혹 백신의 안전성에 대해서 질문하거나 논쟁하려는 이들도 있고, 무슨 백신이냐며 꼬치꼬치 묻는 이들도 있고, "아 그래요…" 하고 말끝을 흐리며 관심을 접거나, 컴퓨터 바이러스 백신으로 착각하는 이들도 있다.

바이러스 학자는 무엇을 연구하는 걸까? 이 세상에는 우리가 아는 혹은 알지 못하는 수만 가지의 바이러스가 존재한다. 새로운 바이러스를 분리해 내거나, 바이러스가 세포에 감염되는 그 순간을 연구하는 사람이 있는가 하면, 바이러스가 숙주가 없는 다양한 온도와 환경에서 얼마나 오래 살아남을 수 있나를 연구하는 사람도 있다. 바이러스가 세포에 들어가 어떠한 면역반응을 유도하는지를 연구하는 사람이 있는가 하면, 바이러스의 유전자가 복제되는 과정을 연구하는 사람도 있다. 수많은 바이러스 학자들이 수많은 바이러스를 다루며 수많은 분야를 연구하고 있지만, 아직도 실험실에서 배양이 안 되는 바이러스가 수두룩하며, 동물과 사람의 종간 전파를 통해 감당할 수 없는 질병을 일으킬 위협이 잠재되어 있는 바이러스도 많다. 아주 작은 부분 부분이지만 대부분의 과학자들은 그 작은 분야의 연구를 위해 그들의 찬란한 젊은 시절부터 노년에 이르기까지의 평생을 바친다. 이러한 연구는 빠른 속도로 기술력의 향상을 도모했고, 그 기술력을 바탕으로 이제는 연구의 분야가 크든 작든 간에 네트워크를 통한 학계 간 공동연구 등으로 발전하고 있다.

나의 과학은 이렇게 작은 부분부터 시작했다. 대학원에서는 신종 바이러스를 분리하기 위해서 노력했고, 상용화된 백신의 효과를 측정하는 연구도 했었고, 바이러스 단백질이 세포 내에서 면역 신호를 활성화시키는지, 동물에서는 바이러스가 어떻게 증식하고 얼마나 높은 면역 효과를 나타내는지 등등에 대해서도 연구했다. 현재는 과학과 공중보건 사이 그 어디쯤에 서 있다. 나는 설사병으로 죽어가는 저소득국가의 5세이하 아이들을 위한 백신을 만든다. 정수와 하수도 시설이 부족한 국가에서 말도 못하는 아이들은 설사로 인한 탈수 증상으로 죽어간다. 설사를 일으키는 병원체는 여러 가지가 있는데 그중에 바이러스로 인한 설사의 경우 로타바이러스 감염이 빈도가 제일 높다. 처음 백신 연구를 하러 미국에 간다는 나의 말에 학부 은사님 한 분은 이렇게 말씀하셨다. "로타바이러스 백신은 이제 끝났잖아."

막 새로운 생백신이 판매되기 시작하던 무렵이었다. 소아마비를 일으키는 폴리오바이러스는 백신이 개발되고 상용화된 지 60년이 넘은 지금에서야 세 가지 폴리오바이러스 중 두 가지 바이러스의 박멸이 선포됐다(2형 2015년, 3형 2019년). 15년 전 개발된 로타바이러스 백신보다 더 효과가 좋고, 더 안전하고, 더 저렴한 백신을 만들기 위해 오늘도 많은 이들이 연구에 매진하고 있다. 나는 그 연구의 한가운데 서 있다. 나의 과학은 새롭게 만든 백신이 동물에서 얼마나 높은 면역효과를 나타내는지 백신의 안전성과 유효성에 대한 검사를 하고, 백신을 접종하는 혁신 기술을 응용하는 연구다. 최신 트렌드를 선도하는 기술이나 연구는 아니며, 영향력지수가 높은 저명한 학술지에 논문을 실을 만큼 혁신적이거나 대단한 과학은 아니다. 그러나 꼭 필요한 과학이다.

어릴 적 좌우명이 있었다. "내 생에 한 획을 그을 수 있도록." 어디서 들은 꽤 노티 나는 말이었는데, 지금 생각해보면 성공 지향적인 어리석은 좌우명이 아니었나 싶다. 과학자는 성공 지향적이거나, 유명해지거나, 위대하거나 한 길을 걸어가는 사람은 아니다. 묵묵히 밟는 과학의 길은 평범한 길이다. 자신이 사랑하는 과학을 행하며 자연현상과 지식에 대한 갈급함을 채워가는 그리고 그 길의 끝이 언젠가 누구에게 도움이 되길 바라는 작은 소망이 있는 그런 길이다.

나는 그런 평범한 길을 걸어가고 있다.

과학의 시간

✦

아침 8시부터 동물실에 들어갔다. 전신 방호복을 입고 덧신을 신고 머리에는 헤어캡을 쓰고 안경 위에 고글을 덧쓰고 N95 마스크와 페이스 실드까지 쓰고 장갑은 두 겹을 낀다. 동물실의 온도와 습도는 실험을 하는 사람에 맞춰지지 않는다. 그곳을 집 삼아 살고 있는 동물들에게 가장 최적한 온도와 습도로 설정이 되어 있다. 설치류들은 40~60퍼센트의 습한 환경을 좋아한다. 60퍼센트 습도가 유지되는 꽉 막힌 동물실에서는 5분만 지나도 등줄기에 땀이 흐르고 고글 사이로 줄줄 비가 내린다. 꼬박 세 시간을 서서 일하고 이른 점심을 먹고 다시 들어가 3시가 넘어서야 나온다. 몇 개월에 한 번씩 이런 시간이 반복된다. 우리가 개발 중인 백신이 보관 상태와 기간에 따라 면역 효과가 잘 유지되는지 알아보기 위해서 실험쥐에 백신을 접종시키는 일을 반복하고 있다. 짧게는 1년에서 길게는 2년까지도 확인해야 하는 실험이다.

이 연구에 사용하는 실험쥐는 손가락만 한 마우스가 아닌 팔뚝만 한 래트rat이다. 실험쥐를 마취시키고 백신을 접종하고 3주 후에 혈액을 채취해 바이러스에 대한 항체가 생성되었는지, 바이러스를 방어할 수 있는 중화항체가 만들어졌는지 반복해서 확인한다. 10년 전 처음 나와 함께 동물실험을 시작했던 중국인 테크니션은 이제는 돋보기가 없으면 실험하기 힘들 정도가 되었다. 대학원 때 동물실험을 하는 우리들은 드림팀이었다. 좁은 공간에서 누가 무엇을 하라고 말하지 않아도 착착착 자신의 자리에서 기계적으로 실험을 했으니 말이다. 무료한 오후에는 라디오를 틀어놓고 깔깔대며 웃거나 노래를 따라 부르기도 하고, 채혈이나 해부를 하다 지치면 옥상에서 커피 한잔하면서 즐겁게 일했던 시절이 가끔은 그리워진다. 지금 같이 일하는 테크니션과도 10년간 호흡을 맞추다 보니 그때 그 드림팀만큼은 아니더라도 이제는 꽤 손발이 척척 맞는다.

1년 반 정도의 실험을 마쳤다. 채혈한 혈액을 원심 분리하면 검붉은 적혈구들은 아래로 가라앉고 누리끼리한 색깔의 혈청이 맨 위로, 그 사이에 완충층buffy coat에는 백혈구와 혈소판이 자리를 잡으며 세 층으로 분리된다. 층이 섞이지 않게 조심스레 혈청 부분만을 피펫pipette을 이용해 새로운 튜브로 옮긴다. 이 혈청에는 눈에 보이지 않지만 보체complement라는 단백질이 있다. 보체는 우리 체내의 항체의 역할을 도와주며 외부 미생물의 분해, 식균 작용 증진 등의 면역 효과에 기여하는 역할을 한다. 그러나 세포와 함께 배양해야 하는 실험에서 보체가 활성화되어 있는 혈청을 사용할 경우 보체가 오히려 세포를 죽일 수 있어 실험을 제대로 수행할 수 없다. 보체를 불활성화시키기 위해서 적혈구 세포와 분리된 혈청은 56°C에서 30분간 배양한다.

우리가 항체라고 부르는 면역을 담당하는 단백질은 사실 한 가지가 아니다. 외부의 침입에 대해서 제일 먼저 빠르게 생성되는 면역글로불린 M(IgM), 입이나 장 관계 등의 침입에 대항할 수 있는 점막이나 모유 등의 면역을 담당하는 면역글로불린 A(IgA), 알레르기 반응에 대응하는 면역글로불린 E(IgE), 면역세포의 형질 전환에 기여하는 면역글로불린 D(IgD), 그리고 전체 항체 중 70~75퍼센트를 차지하는 면역글로불린 G(IgG)는 식균 작용을 돕고 바이러스나 박테리아를 직접적으로 방어할 수 있는 역할을 한다. 내가 연구하는 바이러스는 설사를 일으키는 장 관계 바이러스라서 혈청 내의 IgA와 IgG를 측정해야 한다. 새끼손톱보다 작은 칸 96개가 꽉 차게 배열되어 있는 96 well 플레이트에 세포를 키우든지, 선별 항체를 플레이트에 고정시켜서 실험을 진행한다. 한 번에 사용하는 플레이트만 100여 장에 이른다.

바이러스 농도에 따라 동물 그룹을 나누고 각 그룹마다 10마리, 그리고 이 과정을 2년 동안 3개월 간격으로 반복해서 IgA, IgG를 측정하고 각기 다른 종류의 바이러스에 대한 중화항체능을 측정해 그래프로 만든다. 1년 반 동안 측정한 자료를 정리하니 그래프에는 단 몇 개의 점이 찍혔다. 그렇게 많은 시간을 꽉 막힌 동물실에서 지냈고, 수백 마리 실험쥐의 혈액을 채취하고, 혈청 검사를 하기 위해 수 천장의 세포 플레이트로 실험을 했는데도 불구하고 말이다. 이 연구를 다 마치고 결과를 분석하고 논문을 내면, 논문을 읽는 누군가가 보는 이 점 하나는 그냥 그래프의 점 하나일 수도 있다. 혹은 이 백신이 허가를 받고 시판된다면, 이 백신을 접종받는 누군가에게는 보이지 않는 점일 수도 있다. 그러나 과학자는 그 점 하나를 위해서 땀을 흘린다. 그 점 하나를 위해서 동물들이 희생되고, 그 점 하나를 위해서 수천 번의 검사가 이루어진다.

가끔 사람들은 과학자가 도깨비방망이를 가졌다고 착각한다. 사회가 필요로 하는 것이면 당장이고 뚝딱 만들어내 인류를 구할 수 있는 어벤저스로 생각하는 경우가 많다. 코로나19가 터지니 사람들은 과학자를 찾는다. 바이러스의 정체를 밝히기 위해서 애쓰는 과학자도 있고, 백신을 만들기 위해서, 치료제를 개발하기 위해서 애쓰는 과학자들도 있다. 그리고 세상은 그들에게 어벤저스의 토니 스타크나 뽀로로의 에디 같은 도깨비가 되어 주기를 간절히 바란다.

포괄적으로 자연현상을 연구하는 과학은 오랫동안 축적된 지식과 기술을 기반으로 발전한다. 기록으로 남은 형식지形式知, explicit knowledge✦와 손에 손을 거쳐 암묵지暗默知, tacit knowledge✦✦로 남겨진 기술은 '시간'이 필요한 과정이다. 사회는 이 '과학의 시간'을 존중해 주어야 한다.

과학자에 대한 사회의 왜곡된 시선은 과학계를 바라보는 시선도 왜곡되게 만든다. 인류의 건강과 삶의 질 향상에 기여하지 않는 과학은 마치 과학이 아닌 것처럼 취급받기도 하고, 심지

✦ 문서나 매뉴얼과 같이 형식을 갖추어 외부로 표출되어 여러 사람이 공유할 수 있는 지식.

✦✦ 학습과 경험을 통하여 개인에게 체화되어 있지만 말이나 글 등의 형식을 갖추어 표현할 수 없는 지식.

어는 과학자의 밥줄인 연구비마저 주어지지 않아 과학의 시간을 채울 수 있는 길을 포기하고 돌아서는 과학자들도 많다. 국내 대학뿐만 아니라 해외의 대학에서도 과학을 하는 박사들을 계속해서 배출해내지만 정작 과생산된 박사학위 과학자들이 흡수될 수 있는 곳은 얼마나 있는가? 모두가 과학을 하는 교수가 될 수 없고, 모두가 과학을 하는 공무원이 될 수 없고, 모두가 과학을 하는 민간기업의 연구원이 될 수 없다. 박사학위에 비해 상대적으로 적은 임금으로 좁은 틈을 뚫기 위해 일하고 있는 과학자들에게 사회는 어떤 과학을 원하고 있는가?

그래프의 점 하나를 만들기 위한 시간을 기다려주는 사회가 필요하다. 그 점 하나를 위해 땀 흘릴 수 있는 공간과 그 점 하나를 위한 연구비가 과학을 하는 이들에겐 간절하다.

죽음의 계곡

✦

많은 사람들은 '과학적'이라는 말에 믿음을 갖는다. 한번은 제부가 모유 수유에 열심인 동생 때문에 나에게 이런 말을 한 적이 있다. "과학자들이 모유를 언제까지 먹여야 좋은지 명확하게 이야기해 주었으면 좋겠어요." 우리가 알고 있는 많은 것들은 이면을 가지고 있다. 심지어 과학자들의 연구 결과로 인한 영향도 나쁜 면과 좋은 면이 다 존재한다. 언제까지 모유를 먹여라! 라고 딱 잡아 이야기할 수 없는 것처럼, 세상 사람들이 과학에 대한 믿음을 가지고 있다고 해도 가설-실험-결과-검증의 과정을 거치며 나오는 데이터는 때로는 사람들을 헷갈리게 하기도 한다. 어떤 과학자들은 커피나 술이 좋다고 하기도 하고 어떤 과학자들은 나쁘다고 한다. 모유도 몇 년 이상을 먹여야 한다 혹은 그렇게 하지 않아도 된다는 과학자들도 있다. 모두 과학적으로 증명한 사실이지만 그 사실 이면에는 그들이 연구한 특별한 '조건'이 늘 존재하기 마련이다.

사람들은 과학과 공학 그리고 산업을 묶어서 이야기하곤 한다. 가끔 과학자들이 실험실에서 밝혀낸 연구 성과, 예를 들어 암세포와 관련된 내용이 미디어에 크게 노출되면 사람들은 당장 암이 정복되는 것으로 착각하기도 한다. 코로나19가 유행하면서 한국의 미디어에서 진단키트, 치료제와 백신에 대한 기사들이 쏟아져 나왔다. 아직 허가받지 않은 진단키트, 아직 임상시험도 들어가지 않은 치료제, 아직 후보 물질만 만든 백신은 과학자들이 보기에는 기나긴 개발과정 중의 첫걸음에 지나지 않지만 이러한 기사들을 실어 나르는 소셜 미디어나, 커뮤니티 게시판의 분위기는 사뭇 다르다. 5분 만에 바이러스를 진단할 수 있는 기술을 당장 사용할 수 있고, 당장 중증 환자를 살릴 수 있는 치료제가 있고, 독감처럼 생산만 하면 바로 접종할 수 있는 백신이 있다고 믿는 일반인들이 훨씬 많다는 것이다.

과학적 성과가 산업으로 연결되기 위해서는 정보를 제공하는 미디어의 역할만으로는 한계가 있다. 내가 연구하는 백신을 예로 들면 백신을 만들 수 있는 가장 기본인 '백신 바이러스'를 확보하는 것에서부터 모든 것이 시작된다. 다른 바이러스에 비해서 잘 자라서 생산성이 높은 바이러스, 변이가 적은 바이러스, 또한 동물실험 등을 통해서 면역 효과가 잘 나타나는 바이러스를 선별하는 작업은 한두 달 안에 쉬이 끝나지 않는다. 보통 이러한 바이러스를 환자의 검체에서 분리하고 오랜 시간 동안 계대繼代, passage를 하면서 실험실에서 안정화시키는 작업이 필요하기 때문이다. '백신 후보 바이러스'를 확보했다면, 어떤 방법으로 백신을 만들 것인가가 다음 문제이다. 백신은 바이러스 자체를 약독화시켜서 살아있는 바이러스를 접종하는 경우도 있고, 열이나 약품을 통해 불활화를 시켜서 만들기도 한다. 코로나19를 통해서 일반인에게도 많이 알려졌지만, 면역원성을 가지는 바이러스의 특정 단백질만을 인위적으로 대량 생산하는 경우도 있고, 이러한 단백질을 체내에서 자연스럽게 만들어서 더 많은 면역원성을 끌어낼 수 있는 mRNA✦나 DNA 형태로 만들기도 한다. 코로나19 때문에 모든 백신이 이렇게 빨리 임상시험까지 갈 수 있다고 생각하는 사람들이 있는데 사실 백신을 연구하는 사람들에게는 꿈 같은 일이다.

이렇게 만들어진 백신 후보 물질은 바이러스에 대항하는 효과를 증명하는 실험을 해야 한다. 동물실험을 통해서 '우리의 가설이 맞다'는 것을 정량적으로 측정해 수많은 데이터를 제출해야 한다. 심지어 바이러스를 키우는 모든 세포의 계대수부터 며칠 간격으로 계대했는지까지 자료를 다 가지고 있어야 한다. 면역원성을 측정하는 방법에 대한 프로토콜은 검증된 것이 맞는지, 반복적으로 동일한 결과가 나오는지 확인하고, 작은 동물부터 큰 동물까지 면역원성과 안정성을 함께 관찰해야 한다. 여기까지도 사실 수년의 시간이 걸린다.

임상시험에 들어가기 위해서 우리가 만든 백신 후보 물질이 검증이 되었다는 것을 제출해야 하고, 승인을 위한 서류 심사만 해도 시간이 오래 걸리며, 이를 위해서 임상시험 전문가들의 컨설팅도 받아야 하고, 실험실이 아닌 대량 생산을 할 수 있는 백신 회사에서 용량을 늘려서 백신을 생산했을 경우에도 동일한 결과

✦ mRNA는 messenger RNA(전령 RNA)이며, DNA 원형으로부터 전사되어 화학적으로 암호화된 단백질을 생산하는 데 '설계도'와 같은 역할을 한다.

가 도출되는지에 대한 검증 과정도 거쳐야 한다.

그럼 그 후에는 바로 상용화될 수 있느냐? 그렇지 않다. 실험실 과학과 상용화 사이에는 '죽음의 계곡Death Valley'이 존재한다. 실험실 과학과 대량 생산과 판매를 통해 이윤을 창출하려는 기업 간의 간극을 메우기 위해서는 무엇보다 큰 경제적 지원이 필요하다. 우리가 미디어를 통해 당장 무엇인가 뚝딱 만들어질 것이라고 예상했던 것들이 상용화되지 못한 이유는 대부분 이 '죽음의 계곡'에서 헤어나오지 못했기 때문이다.

재작년 내가 소속된 곳의 보스(최고 책임자)는 과학적 성과를 이룬 사람에게 주는 모 단체의 상을 받았다. 수상 기념 세미나에서 '죽음에 계곡'에 대한 사진 한 장을 보여주며 말했다. "우리는 지금 이 '죽음의 계곡'에 있습니다. 아직도 많은 지원이 필요하고 갈 길이 멀지만 우리는 꼭 이 계곡을 오를 것입니다"라고 말이다. 코로나19처럼 전 세계 모든 인구가 접종 대상이고, 경제생활을 억제함과 동시에 각 국가의 경제를 위협하는 어마어마한 영향력을 가진 질병이 아닌 경우에는 대부분 '죽음의 계곡'을 거쳐야 한다. 아마 코로나19는 이 '죽음의 계곡' 없이 각 나라의 전폭적인 지원과 NGO와 WHO와 같은 국제기구가 공조해 나서고 있기 때문에 십수 년이 걸리는 백신 개발의 지난한 길을 쉽게 뛰어넘을 수 있을 것이다.

우리는 이미 전염병에서 '죽음의 계곡'을 빠져나오지 못한 질병들을 알고 있다. 아주 오래전부터 아프리카의 풍토병 중 하나였던 '에볼라'를 미리 예방하지 못한 것도, 사스와 메르스 백신이 개발 초기에 중단되었던 것도, 영아 소두증의 원인인 지카바이러스 백신 개발을 중단한 것도 상용화를 위한 자금을 쏟아붓기에는 환자 수가 감소해 수지타산이 맞지 않아서였다.

우리는 언제 이 '죽음의 계곡'을 벗어날 수 있을지 정확히는 알 수가 없다. 유리병 속의 벼룩처럼 스스로를 안주하며 딱 그 높이까지만 뛰는 것이 아닌, 연구를 더 견고하게 설계해 진행하고, 단단히 준비해 '도약'의 그 날을 매일매일 기다린다.

과학에 투자하는 법

✦

대부분의 과학자는 연구비를 국가에서 지원받는다. 과학은 국가의 주력 산업이자 미래를 위한 투자라는 인식과 국가의 미래 발전이라는 어젠다가 딱 들어맞기 때문이다. 그러나 모든 과학이 국가가 투자하는 과학은 아니다.

기초과학의 경우, 당장 눈앞에 보이지 않거나 손에 쥘 수 있는 업적을 나타내기 힘들다면 국가의 투자를 받기 어렵다. 한국은 늘 노벨상에 대한 짝사랑을 이야기하며 노벨상을 받기 위해 연구소를 설립하고 법을 뜯어고쳐야 한다고 이야기하지만, 정작 노벨상 수상자의 면면을 보면 단단한 기초연구를 통해 이룬 업적들이다. 경제성이 떨어지는 공중보건 연구도 마찬가지다. 물론 각 나라는 인도적 차원의 해외 원조 사업으로 저소득국가의 공중보건을 지원하고 있다. 그러나 그 원조 사업에 '과학'이 담기기는 쉽지 않다.

마이크로소프트의 전 회장이자 현재 빌 앤드 멜린다 게이츠 재단의 대표인 빌 게이츠는 종종 사람들 앞에 유리병을 들고 나선다. 2009년 TED 강연에서는 모기가 든 유리병을, 2018년 베이징에서 열린 '화장실 엑스포'에는 인분이 담긴 유리병을 가지고 나왔다. 저소득국가에서 모기로 인해 감염되는 말라리아 퇴치를 위한 사업과 위생적인 화장실이 없어 설사로 수많은 사람들이 죽어가고 있는 것을 그는 독특한 시청각 자료를 이용해 사람들에게 설명했다. 고소득국가의 정책은 물론 과학자들도 저소득국가의 모기와 인분에 대한 관심은 없다. 빌 게이츠는 오히려 고소득국가에서는 대머리 치료제에 더 많은 투자와 연구를 하고 있다고 이야기했다. 고소득국가의 부자들과 정책 결정자들에게는 말라리아 모기나 위생적이지 못한 화장실로 인한 죽음보다 대머리 문제가 더 현실적이기 때문이다.

그는 2008년 다보스 세계 경제 포럼 기조연설에서 "각국 정부 및 비영리 단체들과 협력해 가난한 사람들을 도울 수 있는 '창조적 자본주의'가 필요하다"고 이야기했다. 인간의 이기심과 다른 사람에 대한 사랑이라는 인간 본성을 기반으로 한 이 창조적 자본주의'를 통해 수십억 명의 사람들을 빈곤에서 탈출시키는 시장의 힘을 길러야 한다는 주장이다. 그렇게 빌 게이츠가 세계의 빈곤 문제를 위해서 실행하는 사업의 중심에는 '과학'이 있다. 빈곤 해결을 위해 빈곤국에 인프라를 구축하고 교육을 증진시키고 공중보건 시설을 확충하고 백신을 공급하고 공공의료를 위해서 힘쓰는 그 중심에 말이다. 빌 앤드 멜린다 게이츠 재단과 웰컴 트러스트 재단은 2017년 팬데믹 전염병에 대비할 수 있는 글로벌 백신 연구 연합(CEPI)을 출범시켰고, 코로나19 팬데믹이 시작되자 백신이 신속히 개발되고 상용화될 수 있도록 제도적 뒷받침과 더불어 연구비를 투자하는 일도 진행하고 있다. 저소득국가의 사망률을 높이는 말라리아와 설사를 일으키는 바이러스에 대한 백신과 치료제 연구도 지속적으로 지원하고 있으며 가장 중요한 것은 백신이 높은 효과와 낮은 가격으로 많은 이들에게 보편적으로 분배될 수 있도록 혁신적인 방법들을 적극적으로 도모하고 있다.

재작년 참석했던 학회에서는 독특한 유럽 스타일의 영어 발음으로 끊임없이 질문을 던지는 이가 있었다. 닥터 R은 자신의 발표 시간이 되자 앞에 나와서 이렇게 말했다 "제가 속한 재단을 이야기할 때면 사람들은 꼭 두세 번은 다시 묻는다. 발음이 어려워도 꼭 기억해달라. '로스트로포비치-비슈네브스카야 재단'이다. 이 발음도 어려운 '로스트로포비치-비슈네브스카야 재단(Rostropovich Vishnevskaya Foundation, RVF)'은 저소득국가의 공공의료에 앞장섰던 다른 NGO에 비해 잘 알려지지 않은 생소한 재단이었다. 소련 아제르바이잔 출신의 위대한 첼리스트 '므스티슬라프 로스트로포비치'와 러시아 최고의 소프라노였던 그의 아내 '갈리나 비슈네브스카야'가 함께 세운 재단이며 본부는 미국 워싱턴 DC에 있다. 유년 시절부터 첼로에 대한 천재적인 재능을 보였던 로스트로포비치는 16세에 모스크바 음악원에 입학하여 쇼스타코비치의 지도를 받았다. 1964년에는 레닌상을 1966년에는 '민중에 공헌한 예술가'라는 찬사를 받았다. 그의 친구인 소설가 알렉산드르 솔제니친이 《수용소 군도》를 집필할 당시, 그를 보호하고 공산당 서기관과 언론에 솔제니친을 옹호하는 편지를 쓰기도 했던 그는 소련 정부의 감시를 받는 감금 생활을 하게 된다. 연주 활동에 제약이 있던 그는 1974년 스위스로 단기 체류 허가를 받아 소련을 나오면서 결국 미국으로 망명을 하게 된다. 소련 시민권은 박탈당했고, 그의 음악적 업적과 명성을 인정하는 수많은 나라들이 시민권을 제안했지만 1990년 러시아 국적이 복권될 때까지 그는 '무국적자'로서의 삶을 살았다. 한국 사람들에게는 장한나의 스승으로 잘 알려져 있으며, 베를린 장벽이 무너지던 1989년 11월 8일, 무너지는 장벽 앞에 앉아 바흐의 무반주 조곡을 연주한 것으로 유명하다.

그와 그의 아내는 정열적인 연주만큼 뜨거운 인류애와 조국애로 1991년 RVF를 설립하고 상대적으로 소아 보건이 열악했던 러시아, 아르메니아, 아제르바이잔 등의 구소련 국가 어린아이들의 공중보건과 예방접종을 위한 일을 시작했다. 그리고, 닥터 R은 RVF의 중앙아시아의 분쟁지역인 팔레스타인 가자지구와 서안지구 지역의 소아 백신 접종 프로젝트에 대해 발표했다. RVF는 직접 백신 접종 활동을 하는 것이 아니라, 미국 국제 개발처(USAID), 에미리트 적신월사(Emirate Red Crescent), 아랍 펀드(Arab fund)로부터 자금을 모아 백신을 저가에 구입할 수 있도록 조율하고, 유니세프와 백신 조달에 관여하고, 현지에서 이루어지는 백신 프로그램을 평가하는 사업을 하고 있다. 즉, 다른 NGO들이 정치적 상황으로 쉽게 접근하기 어려운 지역에 RVF가 앞장서서 나서고 있다.

공중보건은 정치 경제적으로 부유한 나라의 전유물이 아니다. 세계는 언제, 어디서든지 위험한 전염병에 노출될 위험을 가지고 있다. 아프리카의 풍토병인 에볼라와 중동의 메르스가 대륙과 바다를 건너 전 세계에 공포를 안겨주었고, 현재 우리는 중국에서 시작된 코로나바이러스로 인해 마스크로 분리되고 국경은 통제된 글로벌 세계를 살고 있다.

과학에 대한 투자는 인류의 삶을 윤택하게 하는 기술만을 위한 투자나 노벨상을 위한 투자가 되어서는 안 된다. 과학에의 투자가 세계를 부유한 국가와 빈곤한 국가로 나누어서도 안 된다. 창조적 자본주의를 앞세운 과학에의 투자는 모든 인류를 위한 것이어야 한다. 인류를 사랑했던 위대한 음악가 '로스트로포비치'의 삶처럼 말이다.

백신에 대하여

✦

"바이러스와 백신을 연구합니다"라는 자기소개를 내놓는 자리면 으레 나를 향하는 질문들이 있다. 더군다나 코로나19 백신 소식으로 온 지구가 들썩이는 요즘은 더더욱 그렇다.

"백신이 진짜 안전한가요?" "어떤 백신이 좋은 거죠?"라는 질문들과 SNS 메신저로는 소위 백신 반대 운동Anti-Vaxxer을 하는 이들의 자료들을 보내면서 반박해달라는 요청도 종종 받는다.

백신은 바이러스나 박테리아가 체내에 감염돼 치명적인 질병을 일으키는 것을 막기 위해 바이러스나 박테리아를 약독화시키거나 죽이거나 단백질을 발현시킬 수 있도록 체내에 넣어주는 것을 이야기한다. 코로나19 백신의 경우는 기존의 백신 생산 방법과 더불어 DNA나 mRNA 형태로 체내로 들어가 체내에서 직접 단백질을 생산해 면역반응을 유도할 수 있는 백신도 만들어냈다. 우리 몸은 자연적으로 외부의 물질이나 병원체 등이 들어오게 되면 그를 방어하기 위한 면역 기작機作이 작동한다. 체내로 들어간 병원체의 단백질 조각을 항원제시 세포Antigen presenting cell들이 표면에 노출시키면 면역세포들이 이를 인지하고 이에 대한 면역반응을 일으킨다. 이 면역반응은 감염된 세포를 사멸시킬 수 있는 면역세포를 활성화하거나, 항체를 만들어내는 세포를 활성화하거나, 병원체에 대한 면역을 기억시킬 수 있는 세포를 활성화하는 과정을 이야기한다. 백신은 인위적으로 체내에서 면역을 기억하게 만드는 역할을 한다. 약독화된 백신이나 병원체의 특정 단백질이 체내로 들어왔을 때 면역이 활성되고, 그 면역을 우리 몸이 기억하게 되면 나중에 실제 병원체가 체내로 침입하더라도 기억된 면역세포가 재활성화되어 병원체에 대항할 수 있는 항체를 만들어낼 수 있다.

사람들은 병원체, 즉 바이러스나 박테리아의 존재를 모를 때부터 이 면역작용에 대한 깨달음이 있었다. 고대 중국에서는 천연두에 감염된 사람의 딱지를 떼어내 며칠 동안 말리고 곱게 갈아서 빨때처럼 긴 막대를 통해 코에 불어넣었다. 놀라운 것은 이들이 행했던 이 천연두 예방법은 지금으로 이야기하면 '흡입형 약독화 백신'이라는 것이다. 며칠 동안 딱지가 마르면서 자연적으로 바이러스의 양은 줄어들어 약독화되었고, 호흡기로 감염되는 천연두의 자연적인 감염경로인 코를 통해 감염을 시켰다. 오랜 시간 동안 인간은 천연두 예방법을 계속 발전시켰는데 인도와 서남아시아로 넘어오면서 직접적으로는 피부를 얕게 절개하고 천연두 고름을 넣어주는 방법을, 간접적으로는 천연두를 약하게 앓고 있는 아이와 건강한 아이들을 함께 지내게 하면서 자연적으로 천연두에 대한 면역을 획득하게 만들었다. 18세기에 이미 현대의 백신 접종과 유사한 방법을 통해 집단면역herd immunity을 구축하는 방법을 썼던 것이다.

백신은 오랫동안 인간이 깨달아온 것을 과학적으로 증명한 결과이다. 정량화되지 않고, 정제되지 않았던 소위 민간요법에서 출발해 백신이 체내에 들어가 최적의 면역반응을 이끌어낼 수 있도록 백신의 양을 정량화하고. 백신 외의 다른 병원체를 걸러낸 뒤, 면역 효과를 높이기 위한 최소한의 면역증강제를 포함시켜 우리 몸이 면역계를 스스로 속이거나 혹은 훈련시키는 도구로 만든 것이다.

다시 옛날로 돌아가 보면 바이러스나 세균과 같은 병원체의 유행은 결국은 숙주인 인간이나 동물의 급진적인 개체수 증가와 비례한다. 늘어나는 인간이 자연을 정복하고, 야생동물을 가축화시켰다. 인간은 풍족한 세상에 살고 있지만 풍족한 것은 인간만은 아닌 것이다. 삶의 터전을 잃은 야생동물로부터 가축-인간으로 종을 넘나드는 코로나19와 같은 변주는 언제든 우리에게 올 수 있다. 백신은 초기에 그 변주를 멈출 수 있는 방법 중에 하나이다.

미국의 경우 생후 18개월까지가 입으로 먹거나 주사로 맞아야 하는 예방접종이 가장 많은 시기이다. 큰아이가 3개월 되었을 때 아이와 나는 정기 검진을 위해 소아과를 찾았다. 의사는 아이의 성장과 영양에 대한 이야기를 하고 네 가지 예방 접종을 받을 것이라고 했다. 간호사가 들고 들어온 작은 바구니에는 주사 3개와 먹는 생백신인 로타바이러스 백신이 들어 있었다. 먼저 로타바이러스 백신을 먹이고, 아이의 통통한 허벅지 양쪽에 번갈아서 한 번씩, 그리고 마지막으로 오른쪽 허벅지에 주사를 한 번 더 놨다. 아이는 자지러지게 울었고, 한쪽 허벅지에서는 핏방울이 맺혔다. 백신을 개발하는 과학자로서의 신념과 엄마로서의 안타까운 마음이 순간 어지럽게 흔들렸다.

코로나19 팬데믹 초기에 사람들은 진단과 방역만 잘 되면 금세 팬데믹을 잡을 수 있을 줄 알았다. 진단과 방역은 팬데믹의 가장 첫 번째 대응이지만 숙주인 인간이 밀집한 환경에서는 바이러스의 변주를 막을 수 없었다. 사람들은 백신을 오매불망 기다렸고, 수많은 언론은 개발되고 있는 백신과 임상시험 결과에 대해서 수많은 기사를 쏟아냈다. 막상 백신이 긴급 승인되고 나니 우리 앞에는 또 다른 문제가 생겼다. 3개월 큰아이의 눈물 앞에서 흔들렸던 나의 모습처럼 우리에게는 백신 안정성에 대한 '망설임'이 생긴 것이다. 백신 반대 운동을 하는 적극적인 반대자의 모습은 아니지만, 1년도 안 되는 시간에 세상에 나온 백신에 대한 의심과, 정치와 언론의 과학적이지 못한 소음이 커지면서 한쪽 손에는 치솟는 확진자와 사망자 그리고 방역에 대한 문제, 다른 손에서는 반짝이는 백신을 들고 종종거리는 우리의 모습이 보인다.

유럽에 백신 반대 운동이 성행할 때 이탈리아의 한 아이의 아버지가 호소하는 모습이 담긴 영상을 보게 되었다. 선천적으로 면역계 질병을 앓고 있는 자신의 아이를 살려달라고 눈물을 흘리며 호소하고 있었다. 《면역에 관하여》를 쓴 율라 비스는 백신으로 인해 생성되는 면역을 '우리가 함께 가꾸는 정원'이라고 했다. 주변의 아이들이 홍역 백신을 맞지 않아 홍역에 감염되면 자신의 아이와 같이 면역계 질병을 앓고 있는 아이들은 감염된 아이들을 통해 유행하는 홍역 때문에 죽을 수도 있기 때문이다. 그 아버지는 '함께 가꾸는 정원'을 만들어달라고 눈물을 흘렸던 것이다.

코로나19도 마찬가지다. 제대로 교육을 받지 못하는 아이들, 하루아침에 일자리가 사라진 사람들, 경제적인 어려움을 겪고 있는 소상공인들, 하루에도 수만 건씩 수집하는 검체와 검사를 위해 일하는 사람들, 방역을 위해 땀 흘리고 있는 사람들, 코로나19와 싸우고 있는 병상의 환자들 그리고 그들과 함께 싸우는 의료진들까지. 백신은 이 모든 사람들의 희생과 수고를 좀 더 빨리 덜 수 있는 방법이다. 백신은 실험실의 과학으로만 만들어지지 않는다. 백신을 필요로 하는 사회, 그리고 그 사회의 공중보건을 위한 공동의 방향성 있는 정책과 정치를 통해서 '함께 가꾸는 정원'을 완성할 수 있다.

지금이 바로 '망설임'을 멈추고 함께 팔을 걷어야 할 때이다.

한국 토박이 과학도

내 청춘의 실험실

라일락 그리고 기억

✦

"이상한 냄새나지 않아?"

남편은 냄새를 못 맡는 나와 함께 산 지 10년이 다 되었음에도, 가끔 나에게 이런 질문을 던진다. 코를 킁킁거리며 여기저기를 둘러보는 남편을 따라 클로락스 티슈를 들고 따라다닌다. 사고를 치고 말 안 하는 게 특기인 둘째 녀석이 어딘가에 무엇인가를 흘렸거나, 실수를 했을 테다. 클로락스 티슈로 바닥 여기저기를 열심히 닦고 두 녀석을 출동시켰다. 마약 탐지견이 마약 냄새를 맡듯이 두 녀석은 여기저기를 킁킁거리고 돌아다닌다.

"이제 괜찮은 거 같은데, 엄마는 냄새 못 맡지?"

"응, 엄마 냄새 못 맡아."

30대가 되기 전, 박사학위를 받는 게 목표였던 나는 스물여덟에 박사학위와 후각을 맞바꾸었다.

내 청춘의 실험실은 그랬다.

1인용 간이침대를 펴면 한 사람이 옆으로 간신히 지나갈 만한 공간이 중간에 있고, 2개의 인큐베이터와 1개의 클린벤치,✦ 그리고 두 명이 간신이 어깨를 붙이고 앉을 만한 책상이 한쪽 벽면에 있었다. 책꽂이 2개를 포개 천장까지 올린 책꽂이에는 이 실험실을 거쳐간 선배들의 흔적과 내 청춘을 보낸 흔적들이 고스란히 꽂혀 있었다. 반대편엔 시약들이 빽빽하게 들어찬 시약장과 실험대와 개수대가 나란히 있고, 입구 옆에는 작은 캐비닛과 형광현미경을 볼 수 있는 작은 방이 있었다. 난 그곳에서 5년이란 내 청춘의 시간을 참 열심히 보냈다. 그 누가 시키지 않았음에도, 누가 뒤에서 날 쫓고 있지 않았음에도 월화수목금금금 참 힘차게 달렸다.

내 청춘의 실험실은 그랬다.

봄이면 유리창의 작은 틈새로 라일락 향이 스멀스멀 흘러들어 오고, 자줏빛 자목련이 창가에 서리는 그런 곳이었다. 날이 좋으면 창밖에 하얀 가운을 입은 이들이 옹기종기 모여 마치 구름과 같은 풍경 만들어내던 그런 곳이었다. 몇 번째 봄부터 라일락 향을 맡을 수 없었는지 잘 기억이 나지 않는다. 늘 톡 쏘듯이 느껴지던 아세트산의 냄새가 무뎌졌던, 특유의 독한 냄새를 풍기던 시약냄새가 느껴지지 않았던 그즈음이었던 것 같다.

흔히 냄새를 잘 못 맡는다고 하면 신경계통의 이상을 의심한다. 인터넷만 뒤져봐도 후각의 이상이 있을 경우에는 알츠하이머, 당뇨병, 고혈압, 파킨슨병 같은 질환을 의심하고 병원에 가서 진찰을 받아보라고 권한다. 박사학위 논문 준비를 앞두곤 신경

✦ 클린벤치clean bench: 무균 작업대라고도 하며 세포나 균주를 다루는 연구에 주로 사용되는 유리로 되어 있는 박스형 작업대이다.

게 질환보다, 실험실 환경과 스트레스 때문에 일시적으로 생기는 현상일 거라고 생각했다. 곧 괜찮아지겠지. 한 달 정도 지나면, 아니 세 달 정도 지나면 후각이 다시 돌아오겠지. 그렇게 어느 날 갑자기 무뎌진 후각은 다시 돌아오지 않았다.

그렇게 후각과 학위를 맞바꾸곤 나는 내 청춘의 실험실을 떠났다.

처음 연구소에 출근하고 며칠을 다른 사람의 컴퓨터로 교육을 받았다. 정문도 혼자서는 통과할 수 없어, 항상 누군가가 나를 에스코트해줘야 했다. 기본적인 보안교육과 실험실 안전교육 1, 2, 3까지를 받고 나서야 클리닉에 갈 수 있었고, 거기서 혈액을 채취하고 서너 가지의 예방접종을 받고서야 혼자 정문을 통과하고 실험실을 출입하고, 컴퓨터를 사용할 수 있었다. 그 모든 과정에 거의 2주일이란 시간이 걸렸다.

12년이 지난 오늘, 12년 전 받았던 안전교육을 다시 받았다. 사실, 매년 받는다. 아니, 매년 안전교육 항목이 늘어나거나 바뀌고 있다. 올해부터 필수항목으로 들어간 안전교육은 시약 후드chemical fume hoods 교육이다. 발화성이 있는 시약이나 호흡기에 영향을 줄 수 있는 시약은 반드시 후드에서 사용해야 하며, 후드는 몇 센티 이상 열면 안 되고, 손은 어느 위치에 넣어야 실험자를 보호할 수 있는지에 대한 교육이었다. 재작년엔 시약을 쏟았을 경우 어떻게 대처해야 모두에게 안전한지에 대해 배웠고, 작년엔 생물안전캐비닛biosafety cabinet이 오염되었을 경우의 대처 방법에 대한 교육이 필수항목으로 들어갔다. 실험을 하기 위해 시약을 사용하는 방법이 아닌, 실험에 이용되는 시약, 물질, 기기 등으로 인해 실험자의 안전과 건강에 미치는 영향을 최소화시키기 위한 방향으로 교육 내용이 바뀌고 있다.

10년 전에는 베타-머캡토에탄올이라는 시약을 단 10마이크로리터 정도 병에서 꺼내 튜브로 옮겼다. 혹여나 냄새가 날까 봐 2초 만에 뚜껑을 열었다 닫았는데 특유의 냄새로 인해 누군가가 신고를 했다. 안전 담당관이 나와서 실험실을 폐쇄하고, 공기질 검사를 하고 매뉴얼을 들이밀고, 공기 순환이 되고 난 뒤에야 실험실에 다시 들어갈 수 있었다. 그 뒤로는 문을 3개나 열고 가야 하는 시약 후드로 간다. 그때 안전 담당관은 나에게 이메일 한 통을 보냈다.

다음부터는 아래의 권고사항을 따를 것.

1. 항상 시약 후드를 이용할 것 (아무리 적은 양도 예외 없음)
2. 항상 장갑을 착용할 것 (피부에 스며들 수 있음)
3. 사용한 팁이나 시약을 닦은 휴지도 냄새를 유발할 수 있으므로 비닐백에 넣어서 버릴 것
4. 쥐에게서는 kg당 15mg까지 어떠한 유해가 없었음
5. 위 사항을 다음 주에 있는 기관의 안전관리 회의에서 논의할 예정임
6. 문의사항 있으면 언제든 연락바람

이 일 이후, 안전관리 회의를 거쳐 연구소 전체에 베타-머캡토에탄올 사용에 대한 매뉴얼이 생겼다. 실험실의 생물안전캐비닛이 다 똑같아 보여도 사용하는 목적에 따라 종류가 다르다. 생물안전캐비닛은 흔히 클린벤치라고 불리는 것으로 바깥의 공기가 필터를 통해서 정제되어 들어온다. 주로 세포를 다루는 실험

을 할 때 오염방지를 위한 목적으로 쓴다. 시약 후드는 후드 안에 있는 공기를 밖으로 배출시키는 역할을 하며 배출구의 필터를 통해 정제되어 건물 밖으로 빠져나가도록 되어 있다. 특히나 후각에 영향을 줄 수 있는 시약은 모두 시약 후드에서 사용해야 한다.

지난 1년간 20여 가지의 안전교육을 받았다는 기록에 서명을 하고 서류를 제출했다. 그리고, 문득 내 청춘의 실험실이 생각났다. 이 맘 때쯤이면, 작은 창문으로 라일락 냄새가 스며들어 왔을 텐데… 내 몸보다 실험이 좋았던 그 당시 팔팔했던 내 청춘은 안전에 참 무지했었다. 세포배양의 깨끗한 환경을 위해서, 혹은 바이러스의 오염을 막기 위해서 하루에 수십 번씩 소독용 알코올을 여기저기 뿌려댔다. 실험이 끝난 바이러스를 폐기하기 위해서 폐수통에 락스를 쏟아부었다. 세포를 현미경으로 관찰하기 위해 세포를 고정시킬 때나 면역 단백질을 보기 위한 실험들에 메탄올과 아세트산을 거의 매일 사용했고, 각종 화학약품들과 바이러스, 박테리아가 내 청춘의 실험실을 가득 채웠다. 호흡기에 좋지 않은 시약을 시약 후드에서 따로 사용해본 적은 없는 것 같다.

뭔가 잘못되었다. 그땐 누구도 일개 대학원생의 후각엔 관심이 없었고, 학교와 실험실 내의 안전관리 수칙도 없었다. 선배들로부터 구전된 실험을 잘하기 위한 기술전수만 있었을 뿐, 실험실에서 화학약품으로부터 바이러스로부터 박테리아로부터 우리 스스로를 보호하는 것은 중요하지 않았다.

'음, 아기 냄새.'

큰아이를 출산하고 나는 병원 침대에서 아이에게 초유를 먹이기 위해 끙끙대고 있었다. 그런 나에게 큰아이를 받아 든 남편은 아기에게 옅게 배인 젖 냄새를 아기 냄새라고 이야기하며 킁

컸댔다. 나는 아기 냄새를 한 번도 맡아보지 못했다. 초유를 먹고 한 시간 정도 지났을 즈음, 아기는 낑낑거리며 생애 첫 번째 변을 누었다. 흔히 태변이라고 부르는 까맣고 질은 변을 처리하며 남편은 얼굴을 찡그렸다. 그 태변 냄새 또한 나는 맡아보지 못했다. 내 생애 똥 냄새가 부러웠던 적은 그때가 처음이었다. 냄새를 맡지 못하는 엄마는 '엄마 이거 무슨 냄새야?' 하며 산책길의 꽃을 보면 묻는 아이에게 '응, 그거 꽃 냄새야. 좋지? 흠… 요건 어떤 냄새일까? 이 꽃도 맡아볼래?'라며 냄새를 맡을 수 있는 척을 해야 했다. 둘째가 말귀를 알아들을 때쯤, 아이들에게 고백했다. 사실 엄마는 냄새를 잘 못 맡는다고. 그럼에도 불구하고, 배고프다는 아이들은 "엄마, 맛있는 냄새가 나는데? 저녁이 뭐야?"라고 묻는다. "엄마, 이거 이상한 냄새나는데?"라며 상한 우유를 건네준다. 아이들은 끊임없이 냄새로 나에게 말을 걸어온다. 불행 중 다행으로 나에겐 10여 년 전 기억 속의 냄새가 있다. 그 기억 속의 냄새로 아이들과 대화하고 교감한다. 냄새를 맡지 못하게 된 것에 대한 후회는 아이들을 갖고 나서 수도 없이 밀려왔다.

10년이란 세월이 지난 지금, 청춘들의 실험실은 어떨까? 월화수목금금금, 과학이 좋아서, 사랑해서 실험실에 살고 있는 그들의 삶은 어떨까?

꽃가루가 내려앉는 오늘 같은 봄이면, 그렇게 난 스멀스멀 흘러들어 오던 라일락 향기 가득한 내 청춘의 실험실의 기억을 꺼내본다.

과학상자

✦

아마 국민학교 3학년 때쯤이었을 것이다. 4월이 되면 과학의 달이라고 학교에서 여러 행사를 한다. 고무 동력기 대회도 열리고 과학상자 대회도 열린다. 4, 5학년 오빠들이 자기 몸보다 큰 과학상자를 들고 등하교하는 모습을 종종 보곤 했다. 파란색 반듯한 네모 가방에 커다랗게 하얀색으로 "과학상자"라고 새겨져 있던 그 상자를 나는 정말 갖고 싶었다.

언젠가 한번 엄마는 빠듯했던 살림으로 나이키 운동화 한 번 못 사준 게 가장 미안했다고 이야기했었다. 사실 나는 나이키 운동화를 사달라고 했었는지 기억도 나지 않는다. 국민학교 시절, 가장 갖고 싶었던 것은 지금도 또렷하게 기억되는 그 파란색 과학상자였다. 한 번도 가져보지 못해서 그 안에 무엇이 들어 있었는지 아직까지 모른다.

방학 때면 학교에서는 방학 숙제로 '탐구생활'이라는 책자를 나눠준다. 저학년 때는 그 탐구생활이 숙제처럼 느껴졌는데, 5학년 때는 달랐다. 날씨와 식물을 관찰하고, 간단한 실험을 하고, 만들기를 하는 등 나름 여러 가지 활동이 종합적으로 담겨 있는 책이었다. 그냥 날짜만 쓰고 글자만 읽고 넘겼던 것들을 하나하나 직접 해보기 시작했다. 풍선에 화선지를 붙여서 탈을 만들어보고, 강낭콩을 휴지 위에 놓고 싹도 틔워보고 매일 사진을 찍어서 보고서를 만들어 탐구생활에 붙였다. 1센티도 안 되는 탐구생활의 두께는 방학이 끝날 쯤에는 20센티는 족히 넘었고, 매 장마다 그동안 내가 했던 활동들을 꼼꼼히 기록해두었다. 개학을 하고 얼마 후, 난 전교생 앞에서 '탐구생활 우등생'으로 상을 받았다.

어릴 적엔 한 번도 내가 과학자가 될 것이라고 상상하지 못했다. 군목이셨던 아빠를 따라 1년 혹은 2년에 한 번씩 학교를 옮겼던 나는 심지어 국민학교는 딱 일주일 다닌 학교를 졸업했다. 처음으로 경상도 사투리를 직접 들었고, 순대는 소금이 아닌 막장에 찍어 먹는 법을 알려준 곳이었다. 중학교는 산 중턱에 있었다. 읍내의 번화가부터 천천히 등산을 하며 한 20분쯤 올라가면 개울 위의 아치형 다리 뒤, 유럽 스타일의 학교 건물이 나온다. 유럽의 특정 양식을 따른 건 아니고, 한쪽은 산의 바위로 한쪽은 시멘트 기둥으로 만들어진 동굴 같은 정문을 지나면 중정 같은 운동장이 있었다. 읍내에 딱 2개인 여중 중 하나, 단 하나인 여고 건물이 붙어 있었는데, 딱 2년 동안 그 여중을 다녔다. 고등학교 건물 중 지하에는 과학실이 있었다. 각 학년에 세 반밖에 없는 작은 중학교였기 때문에 고등학교 과학실을 함께 사용했다. 반지하의 과학실은 방과 후에는 석양이 드리워져서 갈색빛이 도는 공간으로 변하곤 했다. 선반에는 포르말린으로 고정돼 있는 숨을 쉬지 않는 각종 생명체들이 있었고 시약장에는 견출지에 촌스럽게 이름이 적힌 유리 시약병들 위로 먼지가 소복히 쌓여 있었다. 어느 날 과학 선생님이 나에게 특권을 주셨다. 몇 달 있으면 열릴 군내 과학경시대회를 준비해보라며 문제집 한 권과 과학실 열쇠를 주셨다. 혼자서 무슨 실험을 했었는지는 잘 기억이 나지 않는다. 기억에 남는 건 문제집에 나오는 웬만한 실험은 다 해봤는데, 물리 전기 실험을 해보지 못해 실제 경시대회에 나가서 물리 시간에 우왕좌왕 헤맨 일이다. 그리고 과학실 열쇠를 반납하던 날 꽤 서운했었던 감정도 또렷이 떠오른다.

중3 때가 돼서 서울에 정착을 했고 우리는 기러기 가족이 되었다. 고등학교 과학실은 기억이 나지 않고 오히려 음악실이 기억난다. 합창부원이었고, 조회 시간엔 전교생 앞에서 애국가를 지휘했다. 음악 선생님은 나에게 성악을 해보라고 권유하셨다. 중창단에 들어 점심시간엔 연습을 하고 봄과 가을 주말이면 주변 학교의 축제와 행사를 뛰느라 바쁜 시간을 보냈다. 가요보다는 조수미, 신영옥, 안드리아 보첼리 등의 테이프를 늘어지게 듣고 다녔다. 노래는 좋아했지만 이과를 선택했고, 조수미보다는 소아치과 의사가 되겠다는 종이 위의 희망사항이 있었다. 고3 담임 선생님은 한 번도 나에게 “네 꿈을 접어라”라는 말은 하지 않았다. 어차피 성적은 안 나오니 꿈이라도 꾸게 그냥 두셨던 건 아닐까 지금에서야 생각이 든다. 수능을 보고 상담을 하던 날, 담임 선생님은 대학 배치표를 뒷장으로 넘기셨다. “다 니 맘대로 해도 되는데, ‘가’군만은 내가 쓰라는데 써. 안전빵으로 한 80점 낮추자.”

선생님 소원을 들어드리고, 치대는 언감생심이라 다른 과로 나름 배치표를 보고 지원했다. 선생님의 말이 씨가 되었을까? 마지막까지 대기로 기다리던 곳은 딱 내 앞에서 멈추고 선생님의 소원대로 되었다. 마지막까지 버텼기에 기숙사나 자취는 미리 알아보지도 못했고 거의 3주 가까이를 서울에서 대전까지 통학을 했다. 입학식 전에 엄마는 동네 화장품 가게에서 그 당시 최신 유행이었던 심은하의 와인빛 립스틱과 보라색 아이섀도를 사주셨다. 어색한 화장, 어색한 학교, 어색한 등굣길. 꼭 눈이 오기 전의 꿈꿈한 회색빛 같은 그런 시간이었다.

'한 학기만 버티고 편입하자.'

여름방학이 되고 가장 먼저 시작한 게 편입학원 등록이었다. 마치 그곳에 모인 이들을 입시를 실패한 패자 취급을 하던 편입학원은 학교에서 전액 장학금과 기숙사를 준다는 전화를 받고 그만두었다. 내가 입학한 자연과학부에는 생물, 미생물, 화학, 수학, 물리의 5개 전공이 있었다. 새하얀 실험복과 2B 연필 그리고 줄 없는 실험 노트를 준비해갔던 생명과학 시간이 좋았다. 국민학교의 탐구생활의 기억과 중학교 때의 반지하 실험실의 기억이 떠오르는 시간이었다. 처음 보는 1.5밀리리터 튜브를 보며 실험이 끝나고 조교님께 물었다. "조교님 이거 가져가도 돼요?" 엉뚱한 녀석이라는 조교님의 눈빛을 느끼며 휴지에 곱게 싸 기숙사 책상 서랍에 고이 모셔놨다. 채플 시간이면 실험시간에 관찰한 것들을 점을 이용한 그림으로 그렸다. 지금도 왜 점으로 세포나 세균을 그리라고 했는지 이해는 되지 않는다.

나는 예감했다. 과학이 내 운명일 수도 있겠구나. 비록 과학상자 안은 들여다보지 못했어도, 나에겐 탐구생활이 있었고, 석양이 드리우던 반지하 실험실이 있었고, 1.5밀리리터 튜브의 설렘과 성취와 환희가 있었다.

독한 년

✦

입학식 전날, 엄마는 동네 화장품 가게로 나를 데리고 가셨다. 당시 유행하던 와인색 립스틱, 손톱으로 긁으면 자국이 남는 놀라운 커버력의 트윈케이크와 기초 화장품을 한 아름 사주셨다. 존슨 앤 존슨즈의 클린 앤 클리어 제품을 졸업할 시기가 대학 입학과 함께 온 것이다.

입학식과 함께 시작된 화장은 참 어색하기 그지없었다. 와인색 입술은 심은하에게만 잘 어울렸던 것이지, 나는 심은하가 아녔으니 말이다. 화장품 아주머니의 말에 아이섀도에 마스카라까지 풀 세트를 손에 쥐었던 나는 아침마다 꽤 오랜 시간을 익숙지 않음과 씨름해야 했다.

엄마는 나에게 엉덩이를 덮는 길이의 재킷과 정장 바지도 사주셨다. 대학 간다고 멀리 떠나는 딸에게 이쁘게 입고 다니라는 뜻이셨겠지. 나에게 처음이었던 것은 엄마에게도 다 처음이었다. 대학생을 키워본 경험이 없는 엄마는 요즘 젊은 애들에게서 유행하는 화장품과 옷을 응원하는 마음으로 안겨주셨던 것이다.

뿔테 안경, 딱 떨어지는 정장 스타일, 검은색 단화를 신고 심은하 화장을 하고 나타난 나를 동기들은 '문 교수'라고 불렀다. 덕분에 박사를 받고도 아직 못 들어본 교수라는 호칭을 이미 대학 1학년 때 충분히 들었다.

내가 대학에 들어가던 해에는 전국 대학들의 대대적인 개편이 있었다. 그동안 '학과'로 모집되던 신입생을 '학부' 형태로 모집했다. 윗 선배들은 생물학과, 물리학과, 수학과, 미생물학과, 화학과 이렇게 5개 과로 나뉘어 있었는데, 내가 들어가는 해부터 '자연과학부'로 개편이 되었다. 좋게 보면 1학년 때 5개 과의 기초과목을 이수하고 2학년 때 자신의 전공을 정해 학생들의 적성을 살리겠다는 취지였다. 단점이 있다면 선배가 없는 학번이 되어버린 것이었다.

뭐랄까? 초중고를 거치며 늘 울타리 안에 있다는 느낌이 한순간에 사라졌달까?

학부제로 바뀐 탓에 우리 학번은 고등학교처럼 반으로 나뉘어 거의 모든 수업을 함께 들어야 했다. 이과인데도 싫어했던 미적분을 대학 와서도 두 학기나 해야 한다는 절망감이 밀려왔고, '제물포(제 때문에 물리 포기해)'라는 별명을 가진 물리 선생님 때문에 흥미가 제로였던 일반물리학도 들어야 했다. 원래 좋아하던 생명과학과 일반화학만은 늘 기다려지는 수업이었다. 수학을 제외한 모든 과목은 실험시간이 따로 있었고, 무엇보다 기분이 좋았던 것은 하얀 실험복을 입는 것이었다. 물리를 위해 공학용 계산기를 사고, 생물을 위해 2B 연필을 샀다. 생물학 실험은 현미경으로 관찰한 것을 실험 노트에 2B 연필로 점으로 찍어서 그림을 그리라고 했는데, 지금 생각해도 왜 꼭 굳이 2B 연필에 점으로 그려야 했는지 이해가 되지 않는다. 기독교 학교라 매주 채플에 참석해야 했는데, 채플 시간에 열심히 점 찍으며 세포 그리고 있는 학생들은 다 생명과학 수업을 듣는 이들이었다.

동기들끼리 어울리던 1년이 지나고 나는 미생물학과를 선택했다. 그즈음 해서 HIV를 연구하는 교수님이 백신을 연구한다는 소문이 있었고, 선배들의 진학률과 취업률을 고려해 가장 인기가 많은 과가 미생물학과였다. 그동안 없던 3, 4학년 선배들이 생겼고, 가장 적응하기 어려웠던 같은 학년 복학생 선배들이 생겼다.

한국은 사람들이 만나면 서열을 정리하는 게 우선이다. 중고등학교 때도 같은 서클의 선배들한테 인사하고, 후배들에게 인사받는 게 뭐가 그리 대단한 일이라고 그렇게 따졌는지 지금 생각하면 별일 아닌 일인데 말이다. 선배가 없던 1학년을 편하게 지내다가 한꺼번에 우르르 쏟아진 선배들을 대하는 것은 생각보다 쉽지 않았다. 누가 내 선배인지를 구별하는 것부터 쉽지 않았으니 말이다. 난 1학년 때부터 조교님들이 있는 실험실을 찾아가는 게 좋았다. 과가 정해지고 더 이상 미적분학과 물리학 수업을 듣지 않는 것도 너무 좋았다. 미생물의 모든 것을 점령하려는 듯 과목들은 그야말로 환상적이었다. 토양미생물학, 의학미생물학, 해양미생물학, 미생물생리학, 분자미생물학 등등. 슬기로운 미생물학과 생활을 위해서 선배들과 교수님께 잘 보이는 건 당연한 터, 교수님 연구실을 참 잘도 드나들었고, 선배들과의 친목을 위해서 학과 활동도 열심히 했다. 부학회장도 맡았고, 학과 내의 임원도 여러 번 맡았다. 심지어 기숙사 채플의 피아노 반주와 임원도 했다.

언제부턴가 이런 내 등 뒤로 들리는 소리가 있었다. 내 이미지는 1학년 때 동기들이 장난으로 불러주던 '문 교수'가 아닌, '싹수없는 독한 년'이 되어버렸다. 같은 학년의 복학생 선배들을 선배로 대하지 않고 친한 오빠들 정도로 생각했던 나의 행동과 말에서 문제는 시작되었다. 학부가 아닌 과 생활을 하고 군기 바짝 들어 있는 복학생들에게 나뿐만 아닌 우리 동기들은 모두 맘에 안 드는 녀석들이었을 테다. 과로 함께 모여서 협동하는 일들보다 개인 활동들이 더 많았고, 우린 전체적으로 이상한 학번이 되어 있었다. 한번은 윗 학년 선배들이 아닌 같은 학년 복학생 선배들이 우리 학번을 집합시켰다. 학교 뒷산 넘어 놀이터에 모아놓고 자신들이 받았던 그대로의 기합을 우리에게 가했다. 원래 시나리오는 그렇게 기합 주고, 앞으로 잘하라고 위로하면서 막걸리 한잔 하면서 끝나야 아름다운 결말인데, 기합만 받고 다들 얼굴을 찌푸리며 집으로 가버렸다.

그렇게 같이 도서관서 공부하고 스터디 그룹도 하고 술도 마시며 즐겁게 지내던 시간들이 이런 몇몇 사건들로 인해 별것 아닌 일이 되어버렸다.

시간이 지나 생각해보니 내 뼛속에 '서열'과 '성별'에 대한 반감이 생긴 것이 이 시기였던 것 같다. 똑같은 행동을 나이 많고 남자가 하면 괜찮고, 여자인 내가 하면 독한 년이 된다는 것을 그때 깨달았다. 지금은 웃으며 이야기할 수 있지만, 그 독한 년이라는 말 한마디가 얼마나 나를 더 독하게 만들었던가….

나의 첫 실험실

✦

"또 한 명은 누구야?"

"XX대 출신이래."

"XX대가 어디야? 근데 그 사람은 왜 실험실 안 나온대?"

2001년 찬바람이 불던 대학원 면접 날, 화장실에서 한 무리의 이야기를 들었다. 그들이 입에 올린 사람은 나였다. 아쉽게도 그들은 내가 나온 대학도 잘못 알고 있었다. 졸업까지 1학점이 남아서 4학년 마지막 학기는 서울의 대학병원에 취업을 했다. 학부 교수님들과 상담할 때마다 '교수님 저 서울로 갈 거예요'라는 말을 밥 먹듯이 했던 나는 실험을 배우고 싶다고 모교 실험실에 들어갈 만큼 얼굴이 두껍지 못했다. 그래서 4학년 여름방학이 시작되던 날부터 연구원 자리를 찾았다. 서울의 한 암연구소에서 화요일부터 토요일까지 일을 하기로 하고 월요일은 1학점을 채우기 위해 학교에 갔다.

미생물학을 전공한 나에게 암연구소는 완전히 생소한 곳이었다. 암에 대한 기본적인 지식이 없었을뿐더러 나를 가르쳐줄 선배도 동료도 없었다. 대학병원에서 근무하시는 교수님은 낮에는 진료를 밤에는 실험을 잔뜩 해놓고 가셨고, 연구원은 달랑 나 혼자에 가끔 펠로우 선생님이 논문 쓰러 들리곤 했다. 자신이 무슨 일을 하는지도 모르고 시키는 일만 반복적으로 하는 것은 정신 건강에 그다지 좋지 못하다. 그때가 그랬다. 아침에 출근해 냉장고를 열면 들어보지도 못한 암에 관련된 유전자 이름들이 적힌 수백 개의 작은 튜브가 가득 차 있었다. 교수님이 열심히 증폭해놓은 유전자들을 전기영동시켜서 폴라로이드 사진을 찍는 게 나의 일이었다. 한 달, 두 달, 세 달.

"아직 졸업이 남아서요. 연구원으로 일해보고 대학원에 진학하고 싶어요"라며 연구원 면접 때 교수님께 이야기할 만큼 당찬 포부가 있던 나였는데, 포부는 고사하고 교수님은 대학원 티오가 없어서 이번에는 힘들 것 같다며 그냥 연구원으로 계속 일을 하는 건 어떻냐고 했다. 내 몸에 맞지 않는 옷을 입고 있는데 그 옷을 계속 입고 있으라는 말처럼 들렸다.

다니던 대학의 중앙도서관 2층 2열람실 구석엔 내 자리가 있었다. 겨울방학을 제외하곤 늘 그 자리를 사수했다. 새 학기가 시작되면 도서관에 가서 가장 먼저 교재의 원서를 빌렸다. 종종 번역본 교재가 있었는데, 영어를 잘하지는 못해도 번역본보다 원서가 훨씬 더 이해하기 쉬웠다. 물론 퀴즈에 출제되는 연습문제의 답이 원서에 있다는 또 다른 이유도 있었다. 바이러스학 교재를 빌리기 위해 간 도서관 서가에서 책 한 권을 집어 들었다. 《한탄강의 기적》.

대학생활에서 처음이자 마지막으로 교재가 아닌 책을 대출한 유일한 순간이었다. 구석진 2열람실 내 자리에 앉아 단숨에 읽어버렸다. 대학원 진학에 대한 열망도 희망도 사라질 때쯤 대학원생 모집 공고가 올라오는 사이트를 보다 도서관에서 빌려 읽었던 그 책이 떠올랐던 것은 학교 이름이 아닌 바이러스 이름 때문이었다. "한타바이러스 연구실."

이메일로 이력서를 보내고 며칠 후, 대학원 교수님을 뵈었다. 마침 교수님 후배분이 나의 대학교 담당교수님이었고, 후에 나에 대해서 물어보셨다고 했다. 학점은 좋았지만 간당간당한 토플 점수, 게다가 12월까지 암연구소에서 일을 마치고, 1월부터 실험실에 갈 수 있다는 당돌한 자세. 어쩌면 교수님이 보기에 나는 학벌도 마음가짐도 그리 좋은 학생은 아니었으리라.

면접이 끝나고 합격통보를 받은 뒤 1월이 되어 대학원 실험실에 출근했다. 나와 함께 미생물학교실에 진학한 동기들이 여섯 명이었는데, 그중 지방대생은 내가 유일했다. 나의 첫 실험실은 석사 졸업 예정인 선배 한 분과 조교 한 분, 그리고 동기 한 명이 다 같이 앉을 공간도 없는 작은 곳이었다. 졸업예정이었던 L 선배는 빠른 시일 내에 우리에게 모든 것을 전수해주고 속히 이곳을 떠나고 싶어 하는 것처럼 느껴졌다.

어서 가서 백신부터 맞고 오라는 말에 다섯 분의 교수님께 인사를 하고 보건소로 향했다.

"한타박스 맞으러 왔는데요."

유행성 출혈열을 일으키는 한타바이러스는 1976년 한탄강 유역에서 잡힌 118번째 등줄쥐에서 세계 최초로 분리되었다. 그때 분리된 한타바이러스를 '한탄바이러스 76-118'이라고 부른다. 그리고 그 역사적인 현장에 계셨던 분이 나의 지도교수님이었다. 국내 연구진이 세계 최초로 분리한 바이러스, 게다가 한국의 지형 이름을 딴 바이러스를 연구한다는 것은 소위 말하는 '원조orginality'와 애국심이 묘하게 섞인 그런 것이었다. 비록 내가 연구하던 실험실이 한타바이러스를 처음 분리했던 그때 그 실험실은 아니지만 튜브를 꽂는 나무 랙, 시약장의 색이 바랜 오래된 시약들, 교수님 방 책꽂이를 꽉 채우고 있던 오래된 실험 노트들은 마치 시간을 1976년으로 되돌려놓은 듯한 착각을 불러일으켰다. 지금은 다른 바이러스를 연구하지만, 내 과학의 뿌리는 한타바이러스에 있다.

그렇게 나의 대학원 생활이 시작되었다.

몰래 하는 영어 공부

✦

14년을 미국에서 살고 있지만 과거에도 현재도 나에게 가장 큰 콤플렉스는 영어다. 짧은 영어로 지금까지 버티고 있는 게 하나님의 은혜라고 남편도 이야기할 정도이니 말이다. 대학 때부터 대학원을 가기 위해서 방학 때마다 영어 공부를 했다. 딱히 공부라고 하기엔 좀 그런 것이 수업만 열심히 들었다. 토플 시험 날짜를 정해놓고 전력을 다해도 모자랄 텐데, 주위에 같이 공부할 사람이 없다 보니 생각보다 영어 실력이 늘지 않았다. 주위에는 취업에 필요한 토익을 준비하는 사람들이 많았지 토플을 준비하는 사람은 거의 없었다. 여름방학 때만 학교 어학원에서 하는 토플 강의를 듣고 학기 중에는 영어를 놓고 살다가 겨울방학 때 토플 시험을 보았다. 점수는 형편없었다. 그다음 해에는 토플이 종이 시험에서 컴퓨터로 보는 시험으로 바뀌었다. 어떻게 봤는지 기억도 잘 나지 않지만, 딱 대학원 들어갈 정도의 성적을 겨우 만들었던 걸로 기억한다.

학기 중 기숙사는 밤 10시부터 다음 날 새벽 6시까지 문을 잠갔다. 사감님이 문 여는 시간에 맞춰 기숙사를 나서 새벽부터 줄 서야 등록할 수 있는 회화학원까지 버스를 타고 갔다가 학교로 다시 돌아와 수업을 듣곤 했다. 처음 들었던 영어 회화 시간에 각자 영어 이름을 이야기하는데 선생님이 '왜 신시아Cynthia가 너의 영어 이름이냐?'라는 말에 대답을 못해 진땀을 뺐던 기억이 난다.

지금처럼 온라인 등록이 없던 시절이라 줄 서서 등록을 못하거나, 시험기간이 있는 달이면 등록을 안 해서 띄엄띄엄 다녔지만, 그나마 배운 게 있다면 '얼굴에 철판 깔기'가 아니었다 싶다. 지하철을 타다가도 외국인이 헤매고 있으면 기꺼이 다가가 말을 걸거나 참견하는 일들이 종종 생겼다.

토플을 위한 단기 영어 수업과 더듬거리며 하는 영어 회화는 대학원에 들어와서 가장 큰 장벽에 부딪쳤다. 종합시험과 대학원에서 실시하는 영어 시험에 합격해야만 졸업 논문 심사 자격이 주어지고 졸업할 수 있다. 소문으로만 들은 대학원 영어 시험은 GRE 수준 정도이며, 어렵고 떨어지는 사람도 종종 있었는데 영어 시험을 볼 수 있는 최소학점을 이수하고 나면 단 두 번의 기회밖에 없었다. 두 번 다 떨어질 경우에는 졸업을 미뤄야 하는 상황까지 갈 수도 있는 것이었다.

대학원 영어 시험은 나에게 거의 공포로 다가와 영어 시험 공고가 나기 전부터 걱정이 밀려왔다. 대학원 영어 시험을 준비해 주는 학원도 없을뿐더러 홀로 지방대 출신이라는 자격지심이 슬금슬금 밀려 나왔다. '동기 여섯 명 중에 혼자 떨어지면 얼마나 창피할까?' '내가 떨어지면 지방대 출신이라고 날 깔보겠지.' 모난 마음이 불쑥 올라왔다.

지금 생각하면 참 유치한데, 슬기롭지 못한 대학원 생활을 하다 보니 남들과 비교하고 시기, 질투, 뒷담화가 빈번하던 그 시절엔 영어 시험 하나도 나에겐 정신적으로 버거웠다. 학교 서점에서 기출문제집을 하나 사서 아침 일찍 출근하는 아빠 차를 얻어 타고 실험실과 멀리 떨어진 인문 캠퍼스 열람실에 들렀다. 실험실 출근 전까지 한 시간 동안 기출문제를 풀었다. 풀었다기보다는 모르는 단어 찾는데 대부분의 시간을 보냈던 것 같다. 그때 꽤 많은 단어를 외웠는데 지금 하나도 기억이 안 나는 걸 보면 내 영어 실력의 문제는 공부한 게 '단기 기억'으로 끝난다는 것이다.

영어 시험 등록을 하고 나니 동기들이 기출문제집을 사기 시작했다. 사실 대학원 생활을 하면서 따로 시간을 내 영어 공부하기는 쉽지가 않다. 그나마 영어로 된 논문을 보는 게 조금 도움은 되는데, 논문에 사용하는 영어는 늘 쓰는 용어가 정해져 있고, 명확한 설명을 위한 단순한 구조의 문장들이 많아서 대학원 영어 시험과는 차원이 다르다. 새벽마다 열람실에서 공부를 했어도 기출문제집 3분의 2도 못 풀었는데, 아마 동기들도 하루 종일 수업 듣고 실험하고 했을 테니 집에 가서 밤을 새우지 않는 한 공부할 시간이 많이 부족했을 것이다.

어느 토요일 오후, 동기들과 인문 캠퍼스로 나들이를 갔다. 꽃도 피고 날이 좋으면 풍경이 멋진 곳이라 말이 나들이지 사실은 영어 시험을 보기 위한 무거운 발걸음을 옮겼던 것이다. 시험을 보고 난 후 느껴지는 '감'은 통과할 수 있을 것 같았다. 기출문제에서 나온 동의어, 유의어 단어들이 꽤 많이 나왔고 나의 '단기 기억'은 그때까지 소멸되지 않고 있었던 것이다.

박사과정을 하는 동안 영어 시험을 또 한 번 보았다. 석박사 통합과정이 없던 시기라 석사를 졸업하고, 다시 박사과정을 들어갔으니 영어 시험도 또다시 봐야 했던 것이다. 동기가 없으니 대놓고 공부할 수 있는데도, 두 번째 보는 시험은 석사로 들어온 후배들과 같은 시험장에서 보는 시험인지라 더 긴장이 되었다. 후배들은 통과하는데 선배 체면에 영어 시험에서 떨어지면 어쩌나 하는 말 못 할 사정이 생겨버린 것이다.

예전에 샀던 기출문제의 단어들을 정리해 외우기 시작했다. 한 번 본 시험이었기에 동의어, 반의어만 알아도 반은 맞출 수 있을 테니 말이다. 다행히 난 영어 시험을 통과했지만 후배 둘 중 한 명이 떨어지고 말았다. 속상한 마음보다 창피한 마음이 앞서 있을 후배의 모습을 보니 불과 몇 년 전의 나의 모습이 비쳤다.

반짝 단어 외우고 기출문제 풀어서 보는 시험 말고, 영어로 논문 쓰는 법, 과학적 글쓰기 방법 등이 대학원 수업에 있었다면 더 좋지 않았을까. 대학원에서도 논문을 제대로 쓰는 법은 알려주지 않았다. 영어로 쓰는 법은 더더군다나… 그럼에도 박사학위를 위한 마지막 관문에서는 연구 결과 발표를 반드시 영어로 해야 한다. 논문을 심사하시는 분들도 한국인 교수님이고, 같이 연구발표 수업을 수강하는 학생들도 다 한국 사람인데 그 앞에서 영어로 발표를 하려니 참 민망했다.

한 달 전부터 슬라이드를 만들고, 슬라이드 노트에 빼곡히

스크립트를 써서, 교수님께 확인을 받고 집과 학교를 오가는 시간에 매일 스크립트를 달달달 외웠다. 툭 치면 술술 나올 수 있을 정도로 외웠던 것 같다. 그때 내가 쓴 스크립트가 얼마나 정확한 영어를 구사했는지는 잘 기억이 나지 않는다. 논문 심사가 끝나고 심사한 교수님이 지도교수님에게 내가 영어를 아주 자연스럽게 잘한다고 칭찬하셨단다. 우리 교수님의 한껏 오른 어깨를 보니 뿌듯하면서도 이렇게 노력하고 달달 외워야 이만큼이나마 할 수 있는 영어를 포닥✦ 가서 잘하고 살 수 있을까? 걱정도 앞섰다.

지금도 논문 발표를 끝내고 들었던 질문이 기억난다. 함께 박사과정 마지막 학기를 보냈던 학생의 질문이었다. 그 학생은 다른 교실이어서 전공이 완전히 달랐다.

"그래서, 로타바이러스가 일으키는 질병이 뭡니까?"

한 시간 동안 영어로 설명하고, 한 100번 이상 나온 단어를 그 학생은 모르고 그 자리에 앉아 있던 거였다. 대학원 영어는 다른 사람의 전공은 못 알아들을 만큼 자기 전공에만 특화된 것인가 보다.

✦ 박사 후 연구 과정post doctoral이라는 의미로 줄여서 포닥으로 통용된다.

신의 손

✦

사람들은 세균과 바이러스를 종종 혼동한다. 쉽게 생각하면 숙주가 있어야만 살 수 있는 게 바이러스이고 숙주가 없어도 자연계에서 생존과 번식을 하는 것이 세균이다. 세균은 한천이 들어가 반고체 상태의 페트리 접시나 액체 상태의 영양 배지培地가 들어간 튜브에서 키우는데 반해, 바이러스를 키우기 위해선 숙주가 필요하다. 숙주가 없이는 무생물에 지나지 않는 바이러스는 숙주를 만나는 행운이 오면 폭발적인 자기복제를 일으킨다. 과학자들은 이런 바이러스를 실험실에서 배양한다. 우리가 알고 있는 모든 바이러스들이 실험실에서 배양되는 것은 아니지만, 각 바이러스들마다 실험실에서 배양하는 특정 세포에 감염을 시켜 더 많은 바이러스를 얻는 방법을 사용한다.

먼저 플라스틱으로 만들어진 세포배양 플라스크에 세포를 키운다. 빈자리 없이 촘촘히 자란 세포들은 현미경으로 보면 반짝반짝거린다. 그 위로 생명의 신호 없이 그저 단백질 덩어리인 바이러스를 세포 위에 뿌리는 식으로 감염을 시킨다. 바이러스마다 자라는 환경 조건이 조금씩 차이가 있지만 반짝이던 세포들은 2-3일 사이에 반짝임을 잃어버리거나 바이러스가 세포 안에서 밖으로 나오면서 세포가 터져 촘촘하던 세포 그물망 여기저기 구멍을 만들어낸다. 세포가 자라도록 넣어주었던 세포배양액은 며칠내 세포에서 증폭된 바이러스가 부유하고 있는 바이러스 용액이 된다. 이 용액을 작은 용량으로 튜브에 분주해 -70°C 냉동고에 보관하고, 다음 실험을 위해서 이 용액 1밀리리터당 몇 개의 바이러스가 있는지를 측정한다.

바이러스를 배양하는 법을 익히기 위해서는 여러가지 실험 기법을 익혀야 한다. 처음엔 세포를 키우는 법, 두 번째는 플라스크 안에 바이러스를 감염시키는 법, 세 번째는 세포 안에 바이러스가 잘 자라고 있는지를 형광물질을 붙여서 현미경으로 관찰하는 법, 그리고 가장 고난도의 실험인 바이러스 용액에 얼마나 많은 바이러스가 있는지 측정하는 플라크 어세이plaque assay가 있다. 플라크plaque는 바이러스 하나가 만들어내는 세포 파괴 영역을 말한다. 즉, 플라크 1개는 바이러스 1개로 정의하고 일정 바이러스 용액을 희석해 세포에 감염시켰을 경우 나타나는 플라크 숫자를 세어서 거꾸로 바이러스 양을 정량한다. 이 마지막 고난도의 실험을 가르치면서 L 선배는 이야기했다. "이거 한 번에 성공하는 사람은 신의 손이야."

지름 3센티미터의 구멍이 6개 있는 플레이트에 촘촘히 세포를 키우고, 200마이크로리터의 바이러스를 희석해서 넣어준다. 한 시간 반 동안 흡착시키는 과정을 거치는데 용액의 양이 적다

보니 10분마다 잘 흔들지 않으면 세포가 말라버린다. 세포가 마르면 그 부분의 세포는 죽어버리고 바이러스는 숙주를 잃게 되어 자랄 수가 없다. 즉, 각 구멍의 플라크의 숫자를 세어 바이러스의 개수를 계산하는데 바이러스가 자라지 않은 부분이 있다면 정확한 바이러스의 숫자를 알 수 없다. 세포가 마르지 않는 것. 이 것이 키포인트이자 가장 어려운 부분이고 손맛을 요하는 작업이다.

L 선배의 현란한 기술을 보며 꼼꼼히 따라 했다. 바이러스를 흡착시키고 흔들어주고 다시 세척하고 반고체 상태의 한천 배지와 세포배양액을 섞어 세포 위에 살포시 올려주면 바이러스가 옆의 세포로 퍼지지 않고 바이러스 하나당 1개의 플라크를 이쁘게 형성한다. 3~6일 후에 세포를 고정하고 한천을 제거한다. 사실 이때까지 자신의 손이 똥손인지 금손인지 알 수 없다. 뉴트럴 레드라는 붉은색, 혹은 크리스털 바이올렛이라는 보라색 염색 시약으로 고정된 세포를 염색한다. 건강한 세포는 붉은색이거나 보라색으로 염색이 되고, 바이러스가 감염된 부분은 염색되지 않은 동그란 구멍이 보인다. 그 구멍 하나하나를 플라크라고 부른다. L 선배에게 그 실험을 처음 배웠던 날, 내 플레이트에는 죽은 세포 하나 없이 이쁜 플라크가 알알이 박혀 있었다. L 선배는 그날 나를 '신의 손'이라 불렀다.

나는 요리와 실험은 비슷하다고 생각한다. 똑같은 레시피로도 맛있는 음식을 만들어내는 사람과 먹지 못할 음식을 내놓는 사람이 있는 것처럼, 똑같은 프로토콜로 한 번에 실험을 성공하는 사람과 실패하는 사람이 존재한다. 요리에 손맛이 있는 것처럼 실험에도 손맛이 있다. 얼마나 실험에 집중을 하고 한 과정 한 과정을 꼼꼼하게 하는지에 따라 똥손과 금손이 갈리는 것이다. 사실 고난도의 실험이라는 것은 실험 자체가 어려운 것이 아니다. 생명과학 실험에서 사용하는 상용화된 시약에는 시약 회사들의 엄청난 노력이 담겨 있다. 실험자들이 사용하기 쉽게 각 과정을 얼마나 간단하게 만들 수 있는지, 실험 시간을 얼마나 줄일 수 있는지 고려한 효율성, 정확성 그리고 경제성이 높은 시약들을 계속 개발해내고 있다. 내가 대학원에서 처음 실험을 배우던 시절에 비하면 계속해서 발전하는 시약들과 몇 번의 구글 검색과 네트워크로 지금은 웬만한 실험 프로토콜은 쉽게 구할 수 있다. 아마 이 점은 요리도 마찬가질 터이다. 기능이 향상된 다양한 주방 가전제품, 블로그와 유튜브 속 엄청난 양의 레시피들 그리고 먹음직스러운 비주얼을 자랑하는 사진들은 누구에게나 요리를 하고 싶은 마음과 잘할 수 있다는 자신감을 심어준다. 그러나, 현실은 그렇게 쉽지 않다.

원래부터 손끝이 야무진 사람이 있는가 하면 그렇지 않은 사람이 있다. 그렇다고 해서 나는 꼭 실험에 적합한 손이 있다고는 생각하지 않는다. 한 번에 성공하는 것이 신의 손이라면, 꾸준한 반복과 연습을 통해서 금손까지는 충분히 올라갈 수 있다. 플라크 어세이도 사실 몇 번 반복해서 하다 보면 얼마 가지 않아 금손이 되어 이쁜 플라크를 관찰할 수 있다. 프로토콜을 미리 숙지하고 각 과정에서 필요한 시약들을 미리 준비하고, 필요한 기계들을 미리 세팅해놓고, 필요한 실험기기들을 동선이 얽히지 않도록 준비하는 것. 여기서부터 금손은 시작된다.

최근 나는 연구하고 있는 백신에 포함된 바이러스의 성분을 정량적으로 검출할 수 있는 방법을 개발했다. 이 검출 방법에 대해 검토validation 과정을 거치는데 같은 시약으로 한 명이 20번 이상의 실험을 했을 때 오차값 내에서 변화가 있는지 없는지를 확인한다. 또 같은 시약으로 세 명의 다른 실험자가 실험을 했을 때에도 오차값 내에서 동일한 결과가 나오는지를 확인해야 한다. 우리 팀의 두 명의 테크니션과 함께 이 검토 과정을 몇 번 반복했다. 실험실 경력이 최소 15~20년인 이들은 나름 금손이라고 자부하는 이들인데 세 명의 결과가 오차값 내에서 유의하긴 했지만 결과를 나타내는 숫자는 생각보다 많이 달랐다. 동일한 시약으로 동일한 시간에 동일한 장소에서 실험을 했는데도 불구하고 말이다. 실험 중간의 아주 작은 과정들, 예를 들어 플레이트를 세척할 때 세척액을 얼마나 깨끗하게 털어냈는가와 플레이트가 마르기 전에 얼마나 신속하게 다음 과정의 용액을 넣어줬는지 등 프로토콜에는 나오지 않는 아주 작은 부분들이 변수로 작용한 것이었다. 이는 언어로 프로토콜에 표현될 수 없는, 경험을 통해 몸에 배어 있는 실험자들의 암묵적 지식(암묵지)인 것이다. '과학하다'라는 동사의 진정한 의미를 아는 길은 과학을 하는 과정 곳곳에 수도 없이 숨어 있는 암묵지를 깨닫는 데 있다. 과학자들의 암묵지는 어벤저스의 인피니티 스톤을 닮았다. 타노스가 스톤을 하나하나 모아 건틀렛에 장착해 슈퍼파워를 소유하듯, 과학자도 암묵지를 하나하나 익혀 신의 손이 된다.

실험의 베테랑인 우리 셋의 결괏값이 이 정도면 경험이 없는 실험자들의 결괏값은 어떨까? 여기서 깨달은 게 있다. 상용화된 시약 키트는 초보자들도 결과를 낼 수 있도록 '하향평준화'된 것이라는 사실.

쥐잡이 인생

✦

유행성 출혈열 백신을 맞으면 동물실 출입이 가능하다. 엘리베이터를 타고 의과대학 건물 꼭대기층인 5층에 올라가면 어둠의 동물실이 나온다. 창문이 하나도 없고 오로지 인공조명으로만 이루어진 동물실은 엘리베이터에서 내리면서부터 스멀스멀 올라오는 동물 냄새, 분변 냄새와 함께 약간은 공포스러운 분위기를 만들어낸다. 우리 교실의 동물실은 복도 끝 제일 안쪽에 있었다. L 선배는 앞서 가면서 칸칸이 나뉜 방문 하나하나를 지나며 설명을 한다. "여기는 지브라 피시 키우는 곳이고, 여기는 래트를 키우고…." 그날 앞서가던 선배의 뒤통수는 기쁨을 가득 머금었다. '뭐가 저리 신날까?'

우리 동물실험실은 2개로 나뉘어 있었다. 하나는 일반 동물실, 다른 하나는 에어샤워를 하고 들어가는 동물 생물안전 3등급(Animal biosafety level 3, ABSL3) 동물실이었다. 유행성 출혈열을 일으키는 한타바이러스는 야생 들쥐의 분변을 통해 호흡기로 감염이 되기 때문에 음압 시설과 에어샤워와 같은 보호시설이 있어야 동물실험을 할 수 있다. 그래서 이 곳에 출입하기 위해 백신을 맞았던 것이다. 선배는 일반 동물실로 우리를 데려가 여섯 명의 새내기 대학원생들에게 안와채혈을 가르쳐주려 했다. 동물실험을 하면서 바이러스에 대한 면역이 있는지를 확인하기 위해서 쥐를 죽이지 않고 소량의 혈액을 얻을 수 있는 방법으로 눈 안쪽의 안와정맥총(안와를 지나는 정맥다발)에서 혈액을 채취한다. 어떤 사람들은 쥐의 꼬리에서 주사기로 혈액을 뽑기도 하는데, 마취 없이 빠른 시간에 소량의 혈액을 얻기 위해서 안와채혈은 꽤 유용한 방법이다(연구기관에 따라 안와채혈을 허용하지 않는 곳도 있다). 선배는 케이지 안에 있는 쥐를 큰 집게로 빠르게 잡아 테이블 위에 올리고 장갑 낀 왼손으로 쥐가 도망가지 못하게 꼭 쥐었다. 그리고선 실험쥐의 얼굴에서부터 엄지와 검지를 쭉 잡아당기듯이 늘여 목덜미를 잡고 꼬리를 약지와 새끼손가락 사이에 끼워 실험쥐가 움직이지 못하도록 잡는 법을 보여주었다. 그리고선 아주 얇은 유리 모세관을 쥐의 눈 안쪽으로 돌려 넣어 순식간에 200마이크로리터의 혈액을 채취하였다. 우리 여섯 명은 '우와' 하는 소리와 함께 박수를 쳤다.

"자, 누가 처음으로 해볼래? 오늘 이거 성공 못하는 사람이 아이스크림 사기."

한 명 한 명 떨리고 야무지지 못한 손으로 실험쥐를 잡을 때마다 선배는 세심하게 가르쳐 주었다. 하필이면 내가 마지막 순서였다. 다들 테스트를 통과한 기쁨과 아이스크림을 사지 않아도 된다는 환호의 눈빛으로 나의 떨리는 손을 지켜보았다.

"네가 떨면, 쥐도 알아. 빨리 해야 해. 그래야 쥐도 너도 스트레스 적게 받잖니."

너무 긴장한 걸까? 머리 쪽만 고정시켜야 하는데 작은 쥐의 몸을 눌러버렸다. 거의 죽기 직전의 맥을 못 추는 쥐를 보더니 선배는 나에게 손을 떼라고 하고선 심장 마사지를 시작했다. 선배의 약지 2개는 꽤 빠르게 움직였고, 이내 머리를 흔들며 쥐는 생을 다시 찾았다. 그리고 나는 그날 매점으로 달려가 동기와 선배들의 아이스크림을 사야 했다. 오기와 분함, 미안함. 많은 감정이 밀려왔다.

동물실험은 "3R 원칙"을 반드시 지켜야 한다. 내가 대학원 다니던 시절은 한국에 동물실험 윤리에 대한 제도가 정착되지 않았던 때라 박사 마지막 학기가 되서야 3R에 대해 이론적으로 배웠다. 그러나, 기본적으로 선배들에게 비슷한 의미는 배웠던 것 같다. 첫 번째 R은 Replacement(대체)이다. 살아있는 동물로 하는 실험에 앞서 대체할 수 있는 방법을 우선적으로 시행한다. 즉, 세포배양, 인공조직이나 컴퓨터 시뮬레이션 등의 다른 대체 방법이 우선되어야 한다는 것이다. 두 번째 R은 Reduction(감소)이다. 다른 대체 방법이 없어 반드시 동물실험을 해야 할 경우, 실험에 사용하는 동물의 개체수를 최소화한다. 세 번째 R은 Refine(고통 완화)으로 실험에 사용되는 동물들의 고통을 최소화하고 사육장 관리를 통해서 환경에 의한 스트레스를 받지 않도록 하고, 실험 시에 고통을 줄여줄 수 있는 마취와 실험 후 고통을 최소화시킬 수 있는 안락사 방법 등이 이에 속한다.

첫 안와채혈의 실패의 미안함은 세 번째 R에 해당되었을 것이다. 동물의 고통 완화 방법에는 동물을 다루는 실험자의 기술

또한 포함될 수 있기 때문이다. 그 후 며칠이 지나, 선배는 다시 한번 우리를 데리고 동물실에 올라갔다. 그날은 첫날보다 더 신난 뒤통수가 보였다. 선배는 일주일에 한 번 동물관리를 위해 해야 할 일들을 알려주었다. 지금 있는 연구소는 테크니션들이 동물 관리를 직접 하고, 건강상태에 이상이 있을 경우 담당 수의사들이 돌보지만, 20년여 전 대학원엔 그런 테크니션도 수의사도 없었다. 대학원생들이 직접 주말에도 동물 먹이와 물을 주기 위해 출근을 해야 했다. 선배의 뒤통수가 유난히 기뻐 보였던 이유는 그날 비로소 우리들에게 동물실 관리의 막중한 의무를 넘겨주는 날이었기 때문이다. 나는 두 번째 안와채혈에 도전했다. '동물실험 하는 곳인데 채혈 못하면 이 길은 내 길이 아닌 거야'라고 굳게 마음먹었다. 그리고 성공했다. 어쩌면 아이스크림 내기라는 긴장감이 없었던 것도 한몫했을 것이다.

한타바이러스 속Hantavirus Genes에는 여러 가지 다른 종류의 한타바이러스 종류가 있다. 재미있는 것은 쥐의 종류에 따라 한타바이러스의 종류도 다 다르다는 것이다. 6.25 전쟁 당시 유행했던 한국형 출혈열(현재는 유행성 출혈열 혹은 신증후군 출혈열이라고 부른다)은 등줄쥐*Apodemus agrarius*가 숙주인 한탄바이러스Hantaan virus와 집쥐*Rattus norvegicus*가 숙주인 서울바이러스Seoul virus에 의한 질병이다. 다른 종류의 야생쥐가 어떤 한타바이러스를 가지고 있을지에 대해 의문을 가졌던 교수님들은 야생의 쥐를 채집해 한국에 존재하는 새로운 한타바이러스를 밝히는 것을 목표로 연구하셨었다. 계방산 수청골에서 잡은 흰넓적다리붉은쥐*Apodemus peninsulae*에서 분리한 수청바이러스Suchung virus, 비무장지대 임진강 근처에서 채집

한 우수리 땃쥐*Crocidura lasiura*(땃쥐는 계통학적으로 설치목이 아닌 식충목이다)에서 분리한 임진바이러스Imjin virus는 오랜 시간 동안 산에서 논에서 밭에서 야생쥐를 채집하기 위해 보낸 교수님들과 많은 연구원들의 시간들이 만들어낸 결과다.

모든 야생쥐가 바이러스를 가지고 있는 것은 아니고 바이러스를 가지고 있어도 증상을 나타내지는 않는다. 그래서 야생쥐 채집을 나가서 여러 마리 쥐를 잡아도 그중에 바이러스 있는 녀석을 찾는 것은 쉬운 일이 아니다. 야생쥐가 활동을 많이 하는 봄, 가을이면 교수님은 채집 준비를 한다. '셔먼 트랩'이라는 알루미늄으로 만든 직육면체의 쥐덫을 쓴다. 양쪽 입구는 스프링으로 되어 있어 한쪽을 접어 열어두고 다른 한쪽에는 땅콩잼을 바른 건빵을 기름종이에 놓고 사탕모양으로 만들어 끼워놓는다. 석박사 합쳐 5년의 대학원 생활 동안 채집을 따라나선 건 딱 두 번뿐이다. 야행성인 야생쥐를 잡기 위해서는 최소 1박에서 3박에 걸쳐 채집을 하다 보니, 숙박비도 아낄 겸 무거운 알루미늄 트랩도 잘 못 옮기는 여학생들보다 교수님은 남학생들을 선호하셨다. 대신 땅콩사탕을 열심히 만들고, 채집해온 야생쥐를 바로 실험하기 위한 준비를 해둔다.

때로는 비 맞아 축축한 모습으로, 때로는 여기저기 흙이 묻어 꼬질꼬질한 모습으로 실험실로 들어서는 채집단이지만, 교수님의 휘파람 소리가 들리면 실적이 좋은 날이고, 채집통을 내려놓으며 '에잇' 하는 소리가 들리면 폭망한 날이다.

동물실로 채집해온 쥐들을 옮기고, 다음 날에서야 채혈을 해 바이러스에 대한 항체가 있는지 확인한다. 야생쥐들은 뽀송

뽀송하게 똥만 싸놓고 노는 실험쥐들과 달리 습한 환경을 좋아한다. 케이지에 꽂아놓은 물통을 계속 흔들어 바닥을 축축하게 만들고 빛이 잘 들어오지 않는 케이지 구석에 여러 마리가 몸통을 겹쳐서 있곤 한다. 가끔은 야생의 공격성이 있는 녀석들이라 자기들끼리 싸워서 죽이는 경우도 있다. 잡기 쉽지 않은 야생쥐라 바이러스가 없는 녀석들은 교배를 시키기도 한다. 암컷 두 마리와 수컷 한 마리의 비율로 한 케이지에 넣어놓고 당근이나 고구마 같은 특식을 넣어주며 이제나 저제나 임신하는 날만을 기다리곤 한다.

한타바이러스는 야생쥐의 폐에 가장 많고, 간혹 신장에서 발견되는 경우도 있다. 혈청검사 결과 양성인 야생쥐는 심장에서 혈액을 채취하고 폐, 신장, 간, 뇌 등 바이러스가 발견될 가능성이 있는 조직들을 채취한다. 주로 폐에 있을 가능성이 많아 폐 조직을 급속냉동시켜 10~20마이크로미터 두께로 얇게 저며 슬라이드에 고정시킨다. 한타바이러스 혈청을 그 위에 얹어 배양시키고, 다시 형광을 띄는 항체를 배양시키면 형광현미경 상에서 쥐의 폐에 바이러스가 있는지 없는지를 확인할 수 있다. 그렇게 바이러스를 '보유'하고 있는 조직이 나오면 바이러스 분리를 위해서 세포에 감염시킨다. 폐 조직을 세포배양 용액과 섞어 균질기 homogenizer라는 마찰을 이용해 조직을 갈 수 있는 기구 안에 넣고, 혹여나 바이러스가 마찰열 때문에 파괴될까 봐 얼음 위에서 기계를 이용해 조직을 곱게 간다. 간 조직의 배양액을 세포에 넣고 바이러스가 잘 흡착하도록 한 시간 정도 배양을 한다. 그 후에 바이러스의 밥(숙주)인 세포가 잘 자라도록 배양액을 넣고 인큐베이터에서 배양시킨다. 바이러스 종류마다 자라는 속도는 다 다르다. 한타바이러스는 다른 바이러스에 비해 꽤 느리게 자란다. 적어도 일주일이 있어야 바이러스가 세포에서 자라는지 확인할 수 있고, 일주일 동안 플라스크에 꽉 차게 자란 세포를 다시 떼어내 3분의 1만 넣고 다시 배양을 시키는 계대 과정을 몇 번 반복한다. 이 과정은 2~3주에서 2개월까지 걸린다. 2개월이 지나도 바이러스가 안 자라면 바이러스 분리에 실패한 것이다.

바이러스 분리를 위한 세포를 계대 배양하고 남은 세포는 슬라이드에 고정시켜서 형광 항체를 붙여 바이러스가 자라는지 안 자라는지 확인한다. 눈이 빠져라 한 시간을 형광현미경과 한몸이 되어 슬라이드 구석구석 들여다봐도 초록색 형광은커녕 새까만 암흑 속에서만 헤맨 적이 수두룩하다. 밤길 버스정류장에서 밤하늘을 바라보며 미세먼지 속에 간간히 보이는 저 별만큼이라도 바이러스 형광이 나타났으면 좋겠다고 한탄을 하곤 했다.

선배는 안와채혈과 동물실 관리를 우리에게 남기고 며칠 뒤에 졸업했다. 그 후, 5년 동안 수도 없이 손에 쥐었던 야생쥐들과 관련된 대부분의 실험은 교수님께 직접 배웠다. 첫 안와채혈 때 실험쥐를 죽일 뻔했던 떨리는 손은 자신감이 뼛속까지 깃든 거침없는 손이 되었다.

몇 년 전 나에게 이 모든 기술을 가르쳐 주셨던 교수님이 처음으로 애틀랜타에 오셨다. 다른 주에 사는 딸이 막 출산을 해 손녀를 보러 가는 길에 애틀랜타에서 환승을 하신다기에 꼭 뵙자고 졸랐다. 교수님 부부를 모시고 애틀랜타 도심의 360도 회전하는 레스토랑에서 점심을 하며 꽃 피운 이야기는 '우리의 기술'

에 대한 이야기였다. 몸으로 익힌 동물을 다루는 기술은 세월이 지나도 잊히지 않는다. 그 덕에 다른 사람들에게 없는 소중한 경험들을 안겨주었던 그 시간들은 이제 손녀를 둔 할아버지가 되신 교수님과 함께 허허 웃으며 나누는 과거 속 '우리의 기술'은 자부심이자 현재의 내가 있기 위한 밑거름이 되었다.

그래, 우리는 쥐잡이 인생이었지.

꼰대 선배

✦

박사 1년 차. 나에게 후배가 생겼다. 석사 2년간 없었던 후배가 생긴 것이다. 잘 가르쳐보겠다는 욕심이 생겼다. 후배가 첫 출근을 하던 날, 후배에게 1.5밀리리터짜리 튜브를 쥐어 주었다.

"여기 봐봐. 이렇게 손가락 하나로 튜브를 열고 닫을 수 있어야 하는 거야." 플라스틱 튜브를 열고 닫은 게 뭐 대단한 일이라고… 후배에게 주머니에 넣고 다니면서 연습하라고 일러두었다. 실험실은 대단하지 않은 작은 손기술들이 중요할 때가 많다. 이왕이면 처음 실험을 배울 때 이런 손기술을 잘 익혀두면 후배에게 도움이 되리라 생각했다.

긴 플라스틱 막대 봉처럼 생긴 피펫은 피펫 에이드라는 기계에 연결하면 용액을 쭉 빨아들이고 피펫에 깨알같이 적인 눈금과 숫자를 보면서 일정 용량을 옮기거나 분주할 수 있다. 피펫의 사이즈가 1, 2, 5, 10, 25, 50, 100밀리리터 등으로 다양한데, 이들은 굵기가 다르다. 그러다 보니 빨아들이는 건 쉬운데, 피펫 에이드를 손가락으로 눌러가며 분주하는 건 굵기마다 속도가 달라서 처음에는 쉽지가 않다. 후배에게 다른 사이즈의 피펫을 쥐어 주고 증류수를 떠다 주고는 "오늘은 이거 연습해"라고 시켰다.

세포를 키우는 일은 오염을 방지하는 것이 제일 중요하다. 오염시키지 않기 위해 어떻게 해야 하는지, 단 한 번이라도 다른 곳에 닿았을 경우 과감하게 피펫을 버리라고 했다. 후배가 처음으로 피펫 에이드를 손에 쥐고 세포배양을 하던 날, 벌벌 떨던 손을 아직도 기억한다. 처음이라 그랬던 걸까? 아니면 내가 뒤에 있어서 그랬던 걸까? 내가 석사 때 신나는 뒤통수를 보이며 우리를 동물실로 데려갔던 선배처럼, 같은 방 동기는 노래를 흥얼거리며 후배를 동물실로 데려갔다. 석사를 졸업하고 이제 동물실과 작별하는 동기는 후배에게 동물실 관리의 임무를 쥐어 주었다. 그때는 잘 몰랐는데, 사실 둘이서 하던 일을 단 한 명의 후배에게 물려준 거나 다름이 없었다. 같은 실험실에서 박사과정을 시작한 나였지만, 할 사람이 없어 어쩔 수 없이 하던 허드렛일들을 후배에게 모두 맡겨버렸기 때문이다.

그렇게 무거운 짐을 진 후배에게 기대가 컸던 것 같다. '내가 가르쳤으면 이만큼은 해야지' 라는 기대감. 지금은 실험 프로토콜을 온라인에서 찾을 수 있지만, 그때만 해도 온라인에서 정확한 프로토콜을 찾기는 쉽지 않았다. 석사 입학하면서 아빠를 졸라서 거금을 주고 산 《분자생물학 프로토콜Molecular Biology Protocols》이라는 3권짜리 세트를 책꽂이에 꽂아놓고, "인터넷 보지 말고, 책 찾아봐"라고 이야기했다. 하루에 논문은 몇 편 이상 읽어라. 모르는 것 있으면 도서관에 가서 책을 찾아봐라. 연구에 관한 이야기를 할 때는 실험실 작은 복도에 겨우 걸어놓은 하얀 칠판에 그림을 그리면서 나름 열성적으로 후배를 가르쳤던 것 같다. 문제는 내 성격이었다. 하나밖에 없는 후배를 잘 가르쳐보고자 했던 나는 후배의 실수와 가끔 보여주는 실망스러운 모습들을 쉽게 넘기지 못했다. 늘 잔소리하고, 채찍질하고, 화내고 질책하는 모습을 더 많이 보여줬던 것 같다.

나에게 혼나 며칠을 우울하게 보내던 후배는 어느 날 아침 뾰로통한 모습으로 출근했다. 학교에 두고 다니던 노트북을 챙겨 가방에 넣고, 옷장 캐비닛을 정리하곤 동물실로 올라갔다. 느낌이 왔다. 한 10분 후, 자판기 커피 두 잔을 뽑아 동물실로 올라갔다. 동물실에서 밖으로 나가는 문을 열면 동물실험 하다 가끔 신선한 공기를 마시러 나오는 옥상이었다. 엘리베이터로 오는 후배를 기다렸다가 커피 한 잔을 건네며 이야기를 하자고 했다. 뭐가 문제인지 이야기해 보라고… 사실 그날 후배는 짐을 싸러 학교에 나온 것이었다. 그리고, 마지막으로 동물실에 들러 쥐들에게 작별 인사를 남긴 거였다. 그 이야기를 들으며 수많은 일들이 머릿속을 빠르게 스쳐 지나갔다. 내가 대학원 생활에서 인간관계가 제일 힘들다고 이야기하는 이유가 또 하나 생긴 순간이었다.

"석사 1년만 하고 학위 없이 나가서 뭐 할 거야?" 그때는 그 후배를 위한다고 한 말인데 지금 생각하면 이런 꼰대가 어디 있나 싶다. 힘든 일들과 나에게 서운한 일들을 후배가 털어놓았다.

"나도 그랬어. 그래도 이 정도도 못 이겨내면 사회 나가서 어떻게 하려고 그래? 1년 더 열심히 해보자. 나도 고치도록 노력할게."

결국 후배는 눈물을 보였고, 자기도 노력하겠다는 말을 하고 내려왔다. 나의 첫 후배는 무사히 석사를 마쳤다. 그에게 내가 어떻게 기억이 되는지 모르겠다. 졸업하는 날, 고맙다는 말을 나에게 전했던 그였지만, 내가 생각하는 후배를 향한 내 모습은 영락없는 꼰대 선배였다.

실험실은 소수의 사람끼리만 만나고 소수의 사람끼리 오랜 시간을 학위라는 목적과 연결되어서 견뎌내야 하는 곳이다. 서로가 서로를 이해하는 것이 평안한 상태에서는 쉽겠지만, 대한민국 대학원생이라는 빡빡한 환경에서는 모두가 고슴도치같이 가시가 서 있기 마련이다. 내 코가 석자라 서로의 가시를 멀리하거나, 혹은 나처럼 자기애가 강한 선배 밑에 있는 후배는 큰 걸음을 걷느라 나의 가시와 그의 가시가 서로를 찌르고 있는 것을 못 느끼는 일이 벌어진다.

아마 그 후배가 그날 짐을 싸고 대학원을 그만두었다면, 지금의 내가 없을지도 모른다. 늦었지만, 모난 선배를 버티게 해준 후배에게 고마움을 전한다.

냄새나는 실험실

✦

쥐 잡고, 바이러스 분리하던 우리 방 사람들은 모두 한타바이러스로 학위를 받았다. 나만 예외다. 호흡기 바이러스도 아닌 장관계 바이러스 중에 하나인 로타바이러스로 석박사를 받은 것이다. 나는 얼굴 한 번 본 일 없는 조교 언니가 쓰던 노트를 하나 물려받았고, 그 후임으로 온 다른 조교 언니와 함께 이 바이러스에 대한 연구를 시작했다.

5세 이하 어린이에게 설사를 일으키는 로타바이러스는 당시만 해도 백신이 없고 연령이 낮을수록 설사로 인한 탈수 증상이 심해져 사망까지 이를 수 있는 바이러스였다. 한국의 한 제약회사에서 로타바이러스에 대한 백신을 개발하려 했었고, 우리 연구실은 용역 연구로 한국에서 유행하는 로타바이러스 유전형에 대한 연구를 수행하게 되었다.

설사하는 게 뭐 사람이 죽을 일이냐고 반문하는 사람들이 종종 있다. 빌 게이츠와 멜린다 게이츠도 그런 사람 중에 한 사람이었다. 깨끗한 수돗물을 마시고 현대화된 화장실과 정화시설 등의 보건 인프라가 갖추어진 한국 같은 나라에서 로타바이러스는 사실 큰 위험성도 없고 주목도 받지 못한다. 고개를 조금만 돌려 중국, 인도, 동남아 국가와 아프리카 국가를 포함해보면, 백신이 상용화되기 전인 2000년대 초반에는 전 세계적으로 약 50만 명 이상의 5세 이하의 어린이들이 로타바이러스 감염으로 인해 사망했다. 2000년대 후반 처음으로 백신이 상용화되고 저소득국가에서도 백신 접종이 이루어졌지만 여전히 연간 20만 명 이상이 로타바이러스로 인해 사망하고 있다.

앞서 언급했듯 빌 게이츠는 2018년 중국에서 열린 화장실 개선사업 박람회에 갈색의 변이 담긴 작은 유리병 하나를 가지고 나왔다. "이 병에는 200조의 로타바이러스, 20억 마리의 이질균, 10만 마리의 기생충 알이 들어 있다"라고 소개했다. 빌 앤드 멜린다 게이츠 재단이 설사 질환으로 죽는 아이들을 위한 백신과 함께 화장실 개선사업에 돈을 쏟아붓는 이유는 설사로 인한 박테리아성, 바이러스성 질환은 백신과 환경 정화를 통해 충분히 막을 수 있기 때문이다.

로타바이러스 연구의 가장 기본은 역시 그것, 똥이다! 유식한 말로 분변, 영어로는 스툴stool이라고 부른다. 로타바이러스는 3개의 외피 단백질이 겉껍질을 이루는 단단한 구형 형태로 뾰쪽뾰족 나와 있는 단백질이 꼭 바퀴 모양(rotary)을 닮았다 해서 로타라는 이름이 붙여졌다. 외피 단백질의 종류에 따라 바이러스의 유전자 타입이 바뀐다. 마치 우리가 흔히 듣는 인플루엔자의 H1N1과 같이, 헤마글루티닌(H) 단백질과 뉴라미데이즈(N) 단백질 조합에 따라 바이러스 종류가 바뀌는 것처럼, 로타바이러스는 글라이코프로테인(G)과 프로티네이즈 센서티브 프로테인(P)이라는 단백질들의 조합에 따라 종류가 달라진다. 보통 해마다 유행하는 타입이 바뀌는데 이를 확인하기 위해서 신생아부터 5세 이하 어린이의 분변을 검사한다.

분변이 오는 날이면 생물안전 캐비닛이 작아 커다란 실험대에 신문지를 촘촘히 깔고 알코올램프를 켠다. 분변이 담겨 오는 통은 부피가 커서 보관하기 어려워 작은 튜브에 다 옮겨 담고, 실험을 위해 10퍼센트로 희석시킨다. 우리가 매일 싸는 똥의 모양이 다르다는 것을 알았으면 예상했을 테지만, 설사의 형태와 색깔도 참 다양하다. 복도를 지나가던 이들이 알코올램프와 신문지를 동원하는 것을 본 날은 아무도 우리 방에 오지 않는다.

희석한 분변은 효소 결합 면역 흡착 검사(Enzyme-linked immunosorbent assay, ELISA)를 이용해 바이러스의 유무를 판별한다. 미리 로타바이러스에 대한 항체가 코팅되어 있는 96개의 칸으로 나뉜 플레이트에 분변 희석액을 넣어주고 한 시간 동안 배양시키고 희석액을 여러 번 씻어낸 뒤 효소가 붙어 있는 항체를 넣어 다시 배양시킨다. 그 후에 기질substrate을 첨가해 효소 발색 반응이 일어나게 한다. 영롱한 파란색 빛이 도는 칸이 있으면 로타바이러스 양성인 분변이다. 분광기와 비슷한 원리인 플레이트 리더라는 기계에 넣기 전, 더 이상 화학반응이 일어나는 것을 멈추기 위해 황산을 넣어준다. 영롱한 파랑 빛은 이내 영광의 노란빛으로 바뀐다.

위에서 이야기한 G/P 유전자를 밝히기 위해서는 분변에서 유전자도 추출해야 한다. 유전자 추출까지 끝나면 냄새나는 실험실의 임무가 완료된다. 추출한 유전자에 각 타입을 분별할 수 있는 시료를 넣고 유전자를 증폭시키는 실험을 진행한다. 한 번 분변 샘플이 오고, 각각 대여섯 가지의 타입을 증폭해야 하니 이 과정은 집중된 고강도 노동력을 필요로 한다. 용역 연구의 목적은 어떤 유전자형이 있는가만 보면 되는 것이었지만, 과학자의 목적은 다르다. 혹시 지금까지 한국에서 알려지지 않은 새로운 타입이 있는가, 아니면 새로운 G/P의 조합형이 나타났는가, 혹시 동물의 로타바이러스가 재조합된 흔적이 있는가 등이 작은 똥에서 시작되는 과학이다.

지금은 복잡한 과정 없이 수만 개의 유전자 서열을 한꺼번에 읽어낼 수 있는 차세대 염기서열분석Next-generation sequencing이 있지만, 당시만 해도 유전자 서열을 조각조각 분석해서 컴퓨터 프로그램으로 이어 붙이는 과정이 필요했다. 증폭된 용액을 한천(아가로스)으로 만든 젤에 넣어 전기영동을 하면 유전자 사이즈에 따라 사다리 모양으로 증폭된 유전자들을 볼 수 있다. 이 순간이 늘 떨렸다. "새로운 거… 새로운 거… 제발."

미생물을 연구하는 나와 같은 바이러스 연구자에게 새로운 것은 일반인에게는 흥미로운 것이 아닌 고통스러운 무언가일지도 모른다. 몇 개 안 되는 유전자 서열의 변화로 새로운 유전자형이 나와 기존의 질병과 다른 증상을 수반할 수도 있고, 혹은 더 심각한 증상을 유발할 수도 있기 때문이다. 유전자 서열까지 확인하고 나면, 새로운 유전자형의 바이러스를 가진 분변은 또다시 냄새나는 실험실을 만든다.

분변 희석액을 필터로 한 번 거른다. 세포에 감염시켰을 때 혹시나 분변에 있는 다른 박테리아나 기생충 알 등이 바이러스 증식을 방해하거나, 바이러스가 숙주인 세포에 감염되기도 전에 세포를 죽일 수 있기 때문이다. 필터링한 분변 희석액을 세포에 감염시키면 로타바이러스는 세포를 터트리고 나오기 때문에 하루 이틀 만에 특유의 세포 병변 효과cytotoxic effect를 보이며 군집된 세포 사이사이에 구멍을 만들어 결국엔 모든 세포를 다 죽인다.

재미있는 건 로타바이러스는 장에 감염되는데 감염경로가 '분변-구강'이다. 즉, 화장실 갔다가 안 씻은 손으로 음식물을 먹는 경우에 감염될 수 있다는 것이다. 그런데, 원래 우리의 위산은 산성이지 않은가? 위는 우리가 먹은 음식물을 잘 소화할 수 있도록 위산과 소화효소를 분비해 음식물을 잘게 부숴주는 역할을 한다. 로타바이러스는 단백질 외피로 둘러싸여 있는데 어떻게 위산 폭포를 통과할 수 있는 걸까? 여기서 바이러스의 놀라운 기능이 나온다. 로타바이러스는 입으로 들어가면 우리의 소화효소로 인해 외피의 단백질이 쪼개진다. 이렇게 쪼개져야만 소장 세포의 항원 결정기epitope와 붙을 수 있다. 숙주의 방어환경이 오히려 바이러스 자신에게는 득이 되는 경우인 것이다.

그래서 실험실에서 세포에 로타바이러스를 감염시킬 때는 트립신이라는 소화효소 중 하나를 바이러스에 처리해주어야 한다. 트립신이 P 외피 단백질을 둘로 나눠서 감염에 최적화된 상태로 만들어주기 때문이다.

멜린다 게이츠는 설사병으로 죽어가는 아이들이 지구에 있다는 게 이해가 되지 않았다고 했다. 로타바이러스로 죽어가는 아이들은 현재의 게이츠 재단을 만들게 된 이유 중에 하나이다. “공부해서 남주자”라는 원대한 꿈을 가지고 있었던 내게 아기들의 똥을 다루는 이 바이러스가 매력적으로 다가왔던 건 어쩌면 멜린다 게이츠가 느꼈던 감정과 비슷하지 않았을까?

다만 다른 것이 있다면, 그는 거시적인 프로젝트로 나는 미시적인 실험실 과학으로 앞으로 걸어가고 있는 것이겠지.

중증호흡기 증후군

✦

며칠 전부터 중국의 사스(급성 호흡기 증후군)에 대한 뉴스가 이어졌다.

“옆방에서 사스 진단한대.”

매일 같은 일을 반복하는 대학원 생활에 점점 익숙해져갈 때쯤, 사스 진단을 우리 교실에서 한다는 소식을 들었다.

‘쏘 쿨!’이라는 생각이 머릿속에 들었을 때, 이미 나는 사스 진단을 담당하고 계시는 교수님 방문을 두들기고 있었다.

“교수님, 저도 사스 진단 참여하고 싶은데요.”

야생쥐 관련해서 연구를 계속 같이 해오긴 했지만, 위험한 일이라 판단돼 자신의 연구실 조교와 대학원생만으로 진행하려던 일에 내가 불쑥 끼어들어 교수님은 좀 당황하신 듯했다.

“그래, 내가 백 교수님과 상의해보고 이야기해 줄게.”

스스로 뚜벅뚜벅 걸어가 사스 진단에 참여하겠다는 의사를 밝혔다는 것만으로 뒤통수가 따가워졌다. ‘욕심은 많아 가지고.’ ‘재, 잘난 척하려고 저러는 거야.’

대학원 생활을 하면서 가장 두꺼워진 것은 뒤통수였다. 석박사 통합과정이 없던 시절이라 대부분 동기들은 석사를 마치면 취업을 할 것이라고 했고, 나는 석사를 마치고 박사를 할 것인지 유학을 갈 것인지 뭐라도 결정해서 준비해야 하는데 앞이 보이지 않았다. 뭔가 새로운 것이 필요했다. 누군가에게는 잘난 척이나 욕심으로 포장된 이기적인 모습이었을지 모르지만, 적어도 결정을 내리고 처음 사스 의심환자 샘플을 손에 받아 들기까지 내 내면의 목소리는 하루에도 수십 번 그 결정을 번복했었다.

'지금이라도 안 한다고 할까?' '한번 하기로 했으면 해야지, 앞으로 이런 기회는 또 없을 거야.' 이 두 목소리는 내 귀에서 속삭이는 악마와 천사의 목소리처럼 계속 울려댔다.

20년 전 한국의 바이러스 연구의 실정이 어땠는지 아는가? 현재도 크게 다르지 않지만, 대학원을 입학하던 시기에 가장 유행한 연구 분야는 '암'이었다. 대형 병원이 있는 대학들은 암센터를 설립하는 시기였고, 한국의 의료는 전염성질환보다는 만성질환, 그중 암에 대해 많은 투자를 하고 있었다. 생명과학 분야의 연구비도 기초연구보다는 암과 같은 만성질환이 대부분을 차지했고, 바이러스 분야는 인플루엔자 정도만이 어느 정도 빛을 볼 수 있는 상황이었다.

당시 사스 진단은 두 곳의 다른 기관에서 동일 샘플이 양성으로 판명될 경우를 최종 양성으로 확진했다. 서울 시내에 호흡기 바이러스를 다룰 수 있는 시설이 거의 없다 보니 한타바이러스 연구 시설이 있는 우리 교실과 국립보건원이 함께 진단을 했던 것이다.

처음으로 N95 마스크를 쓰고, 수술 모자를 쓰고, 고글을 썼다. 장갑은 두 겹을 끼고 에어샤워를 하고 생물안전실험실-3(BSL3)로 들어갔다. 생물안전 캐비닛을 열고 필요한 물품들을 하나하나 알코올로 소독해서 넣었다. 생물안전 컨테이너 안에 이중으로 밀봉되어 있는 샘플을 꺼낼 때의 쿵쾅거리던 심장소리는 아직도 기억이 난다. 호흡기 검체는 면봉처럼 생긴 막대로 코와 입 안쪽을 긁어서 채취한다. 이동 중에 바이러스가 죽지 않게 하기 위해서 보존액이 담긴 튜브에 넣어 이중으로 밀봉을 해서 실험실로 오는 것이다. 그 과정을 거꾸로 밀봉된 통을 하나하나 열 때마다 소독을 하면서 검체를 꺼내고, 보존액을 조심스럽게 작은 튜브로 옮겨 냉동 보관을 한다. 그중 일부는 유전자를 추출하기 위해서 단백질을 용해시킬 수 있는 용액과 섞어서 일반실험실로 옮긴다.

현재 코로나19를 진단하는 리얼타임 PCR은 그때 막 상용화되기 시작했었다. 아직 우리 교실엔 한 대도 없을 때였으니, 당시 사스 진단은 지금 시점으로 보면 원시적인 방법으로 했었다.

유전자를 추출하고, 사스바이러스의 특정 부분을 증폭할 수 있는 시발체primer를 넣어서 중합효소 연쇄 반응을 일으킨다. 아가로스 젤에 증폭된 유전자를 넣고, 전기영동을 해 예상하는 사이즈의 유전자 조각이 발견되면 양성인 것이다. 증폭된 유전자 조각의 염기서열분석Sequencing analysis을 하면 환자가 감염된 사스바이러스의 유전자 염기서열까지 확인할 수 있다.

지난달 우연히 책장 정리를 하다가 그때 그 시절의 파란 실험 노트를 발견했다. 전기영동 사진들은 빛이 바래서 어떤 게 양성인지 음성인지 확인도 불가능했고, 의심 환자 샘플이 왔던 날짜와 결과를 24시간 안에 내느라 밤새웠을 시간들이 마법처럼 봉인되어 있는 것 같았다.

다행히 한국은 큰 문제없이 사스가 지나갔다. 그때 사스가 나에게 남겼던 가슴 뛰는 경험은 같은 연구실에서 박사를 받고 싶다는 결론을 도출해냈다. 연구비가 넉넉하지는 않아도, 남들이 알아주는 암이나 인플루엔자 바이러스를 연구하는 것이 아닐지라도, 어디서도 경험할 수 없는 일들이 그곳에서는 일어나기 때문이었다.

바이러스 연구자는 미시적인 연구와 거시적인 연구를 하는 사람들로 나뉜다. 미시적인 연구는 바이러스의 생활상 중 각각의 메커니즘에 대한 연구이다. 예를 들어 바이러스가 세포와 흡착할 때 일어나는 세포 안의 신호전달이라든가, 세포 내에서 일어나는 유전자들의 활성, 바이러스와 숙주의 유전자 사이의 관계 등 아주 세세한 서사를 찾는 과정이다. 거시적인 연구는 바이러스의 유행, 진단, 분리 등을 통한 유전자 수준의 서사를 통해 역학적인 방법론을 적용하고 백신 개발 등과 연결하는 관점을 취한다. 지금은 기술의 발달로 미시적, 거시적 연구의 경계가 애매모호하다.

진단이 끝나고 나니 사스바이러스에 대한 연구를 하고 싶어졌다. 소규모의 실험실에서 할 수 있는 연구는 진단법 개발이다. 사스 진단 이후에 우리 교실은 리얼타임 PCR 기계를 구입했다. 특이성이 있는 시발체를 디자인해 신속하게 진단할 수 있는 방법을 개발하고, 다른 한편으로는 사스 코로나바이러스의 스파이크

Spike 단백질을 인위적으로 발현시켜서 신속진단 키트를 개발하는 것을 목표로 삼았다. 연구계획서 마감일이 얼마 남지 않아 교수님과 연구계획서를 마무리하고 안암동에서 불광동까지 서류를 직접 제출하기 위해 버스를 탔다.

'잘돼라… 잘돼라… 꼭 돼라….'

아직 찬 바람이 남아 있던 어느 날, 불광동으로 가는 버스 맨 뒷자리에서 마감 시간 한 시간 남기고 초조하게 주문을 외웠다. 아쉽게도 그 연구계획서는 선정되지 못했다. 논문 하나 남기지 못한 사스와의 추억이 그렇게 끝이 났다.

그해 11월 미생물학회 연합회 주최로 학회가 열렸다. 학회 측에서는 바이러스 학계에서 가장 큰 이슈였던 사스바이러스를 연구한 홍콩의 푼Poon 박사를 초청했다. 학회의 임원을 맡고 계셨던 교수님은 나에게 푼 박사를 에스코트해 달라고 했다. "제가요?" 눈 동그랗게 뜨고 반문하는 내게 교수님은 말했다. "그래도 문 선생이 제일 나아. 사스에 대해서 디스커션도 좀 하고."

홍콩에서 오는 그를 만나러 인천공항에 나갔다. 출국장을 빠져나오는 일행 중 '닥터 푼'이라고 쓴 종이를 들고 있는 나에게 다가와 악수를 청한 그는 이제 막 박사를 받은 꽤 젊은 과학자였다. 왜 나에게 마중을 나가라고 한 것인지 이해가 갔다. 호텔까지 안내해주고, 다음 날 호텔에서 학회장까지 그리고 마지막 날은 우리 학교에까지 동행하면서, 사스에 대한 여러 이야기들을 나누고 동대문에서 아내의 선물을 사겠다는 그와 헤어졌다.

5년 후, 터키에서 열린 세계 바이러스학회에서 그를 다시 만났다. 터키에서 만난 그는 5년 전 석사생이던 나를 한눈에 알아보지는 못했다. 처음 한국에서 만났을 때 그는 사스바이러스의 숙주는 사향고양이일 것이라고 조심스레 추측했었다. 몇 년 뒤, 그는 사스바이러스는 박쥐에서 유래된 것이라는 연구결과를 발표했다. 코로나19가 유행하는 지금 홍콩에서 나오는 대부분의 연구 논문은 푼 박사가 책임저자이다. 18년 전 젊은 과학자는 사스라는 큰 파도를 만나 오랜 시간 서핑을 하다 이제는 코로나19로 다른 파도를 타고 있다.

나는 어떤 파도를 타고 있는 것일까?

내 인생의 친구 그리고 남

✦

인생의 가장 기억에 남는 시절을 꼽으라면 대학원 시절을 꼽을 것이고, 가장 힘들었던 순간을 꼽으라면 또 대학원 시절을 꼽을 것이다.

학업은 힘들지 않았다. 대학원 수업 대부분은 학부 수업과는 달랐다. 개론같이 방대한 분야를 한 번에 배우는 것이 아닌 세부 전공을 배우는 수업은 오히려 흥미가 배가되었다. 대부분의 수업을 같은 전공의 동기들과 함께 들었다. 어떤 학기에는 실험실에만 있는 게 답답해 일부러 다른 학교의 교류학점을 들으러 원정을 가기도 했다.

실험은 힘들지 않았다. 새로운 실험법을 계속 배우는 것이 아닌 기본을 익히고 응용하면서, 대부분은 결과가 잘 나올 때까지 반복하는 실험이 대부분이었다. 어느새 손이 기억하는 실험을 하고 있었고, 자주 사용하는 시약의 조성은 머릿속에 그냥 남아 있을 만큼 익숙해져 갔다. 실험의 과정을 하나하나 세세히 기록하던 실험 노트는 목적과 과정보다 결과만 남아 있기 일쑤였다.

가장 힘들었던 건 인간관계였다. 남궁석 박사의 책《과학자가 되는 방법》은 과학자가 되기 위해 밟아나가야 할 과정들을 객관적이고 건조한 어조로 알차게 담고 있다. 그런데 이 책에서 다루지 않은 한 가지가 있었으니 '인간관계'다. 이 인간관계는 교수님과의 관계만을 의미하지 않는다. 물론 그것도 쉽지 않다. 초중고 때의 수동적인 학습 방법에 비해 대학의 학습 방법이 반수동적이라고 한다면, 대학원의 학습 방법은 완전 능동적으로 180도 바뀌어 버린다. 물론 교수님 마다 제자를 가르치는 방법은 다르겠지만, 수업을 통해 배우는 것보다 수업 외의 실험실에서 본인이 스스로 실험 계획을 짜고 피펫을 잡고 몸으로 하는 학습이 필요하기 때문이다.

이 과정에서 스스로 돌파구를 찾지 못하면 과학은 재미가 없어진다. 과학을 하기 위해 대학원에 진학한 것이 아닌 석사나 박사 타이틀만 받아 취업하는 것이 목적이 되어버린다. 기억을 되짚어보면 대학원 시절은 무엇을 해도 어떤 생각을 내뱉어도 대학원생이라서 용서가 되는 시절이었다. 얼토당토 않은 아이디어를 교수님 앞에 펼쳐놓을 때도 말이다.

지금은 깨끗하게 정돈된 청계천이지만, 내가 대학원을 다닐 당시에는 땅속에 숨겨놓은 '청계천 복개 공사'가 한창 진행되고 있었다.

"청계천을 복개한다고 다시 파면 땅속에 살던 쥐들이 서식지를 잃게 되면서 도심으로 이동해 바이러스를 퍼트릴 위험을 없을까요?"라는 석사 나부랭이의 엉뚱한 질문에 한 교수님은 "에잇!"이라며 농담으로 쳐내셨고, 다른 교수님은 "그렇게까지는 안

될 것 같고…"라며 다른 쪽으로 말을 돌리셨다. 아마 지금의 내가 그런 질문을 누군가에게 했다면 그 누군가는 뒤에서 '저 사람 전문가 맞아?'라는 뒷담화를 하거나, 다음부터 나를 만나면 일단 무시했을 것이다.

그런데 어설픈 과학도들 사이의 관계는 분위기가 사뭇 다르다. 연구하는 바이러스도 다르고 연구실도 달랐지만 여섯 명의 동기 사이에는 묘한 긴장감이 항상 있었다. 먼저 솔직하게 고백하건대, 그 시절 내 안에는 '독한 년' 버전의 자아가 계속 꿈틀대고 있었고 홀로 지방대 출신이라는 자격지심에서 벗어나지 못하고 있었다. 우리에겐 몇 가지 악조건이 있었다. 일요일을 제외하고는 매일 얼굴을 봐야 하고 모든 수업을 다 같이 듣는다는 점, 선배가 없다는 점, 모두 석사 졸업이라는 당시 인생의 최종 목표를 가지고 있다는 점 등이었다. 처음 시작은 좋았다. 시간이 흐르고 실험실 생활 초기에 배운 기술들이 하나씩 빛을 발할 때쯤, 사소한 말 한마디, 사소한 행동 하나하나로 오해가 점점 쌓이게 됐다. 나와 같은 방에 있던 사람은 내 입장에서는 교수님이 연구 주제도 다 정해주고, 실험도 직접 가르쳐주고 결과도 다 점검하는데, 내 논문은 초반에는 조교 언니와 상의했지만 나중엔 거의 혼자서 실험해야 하는 상황까지 되자 사랑받지 못하는 이의 질투가 스물스물 올라왔다. 상대방 입장에서는 궂은 일과 채집 등 교수님 보조하는 역할은 혼자 다하는데, 나는 내 실험만 하는 이기적인 인간이라 생각했고 한 실험실에서 한 달을 말을 안 하고 지내는 어색한 상황이 연출되기도 했었다.

그래도 다른 동기들과는 큰 문제가 없다고 생각했었다. 미국으로 처음 학회를 가기 전, 교수님들께 학회가 끝나고 일주일

간 미국에서 지내면서 휴가를 갖겠다고 했다. 당시에는 꽤 당돌한 이야기였지만, 학교 지원으로는 비행기 값도 안되었고, 연구비가 풍족해 학회 비용을 지원받는 상황도 아니었다. 출장비의 3분의 2를 자비로 가는 학회이다 보니 학회가 열리는 미국 시골 마을만 들렀다 오기는 너무 아까웠다. 가족여행을 하며 여행사 수준으로 계획을 짜시던 아빠의 경험을 이어받아 최저가로 비행기를 예약하고 학회 후 샌프란시스코 여행을 계획했다. 남자 한 명을 제외한 여자 다섯 명이서 영어도 못하면서 무모한 계획을 세웠던 것이다. 다섯 명 중 미국을 경험한 사람은 한 명도 없었으니 공항서 시작된 그 첫 발걸음이 얼마나 기대됐을까? 그러나 이 여행을 리드했던 나는 어리석게도 이 여행의 목적이 다섯 명 저마다 다를 수도 있다는 것을 전혀 고려하지 못했다.

매일 아침 8시부터 시작되는 학회에 참석하기 위해 부지런을 떠는 사람과 그렇지 않은 사람, 듣고 싶은 발표가 있는 사람과 그렇지 않은 사람, 다른 사람들과 만나 어울리고 싶은 사람과 그렇지 않은 사람 등 다양할 수 있는데 말이다.

한 사흘쯤 지난밤이었을까? 다음 날 들을 발표들을 확인하고 있는데 옆방에서 격양된 한국말이 들렸다. 여행을 준비하면서부터 시작되었던 나에 대한 불만들이 또랑또랑 한 목소리로 내 귀에 쏙쏙 박혔다. 미국 대학 기숙사의 방음은 형편없었다. 한 20분을 듣다가 같이 방을 쓰는 친구를 깨웠다. '어떻게 할까?'라고 묻는 나의 말에 친구는 '가서 이야기해봐'라며 조언했다. 옆방에서 들을까 소곤대던 우리는 계속해서 나에 대해 한탄하는 소리가 들리는 그 방으로 갔다. 불만을 듣고 앞으로 잘해보자며 무마하고 나왔지만 시간이 꽤 지난 지금까지 내 기억 속에 그때의 가슴 두근거리던 떨림이 남아 있는 걸 보면 그때 난 꽤나 힘이 들었나 보다. 한 개인의 성향일 테고, 누군가는 입으로 내뱉고, 누군가는 좋은 게 좋은 것이라고 넘어갈 수도 있을 것이다. 그 후에는 아무렇지 않게 내 눈앞에서 나의 신상에 대해 직설적으로 쏟아내는 말을 들어도 무시해버릴 수 있게 되었다.

실험실은 평화의 전당이 아니다. 같이 입학했지만 같이 졸업을 하느냐 못하느냐가 달렸다. 누구는 실험이 잘되고 결과가 나오는데 누구는 아무리 노력해도 안 되는 경우도 있고, 누구는 어디에 논문을 냈는데 누구는 못 냈다더라, 누가 어느 회사에 취업을 했느냐 못 했느냐 등등 꼬투리를 잡으려고 하면 끝도 없는 무지막지한 일들이 벌어지는 곳이다. 나는 과학자가 되고 싶은 이들에게 특히 대학원을 가고자 하는 이들에게 실험실은 과학과 함께 시기와 질투의 서스펜스가 같이 피어나는 곳이라고 이야기한다.

정신적으로 피폐해지는 그 시기를 함께 의지하며 지낸 친구는 인생의 친구가 될 수 있다. 귀에 쏙쏙 박히는 내 욕을 함께 들어주던, 참으면 속병 날 걸 알아 직접 부딪쳐보라고 권유했던 친구는, 아름답지만은 않았던 그 공간, 그 시간을 함께 지냈기에 큰 산을 함께 넘은 동지이자 내 인생의 친구가 되었다.

석사 생활 이후로 다른 분야의 연구를 하고 지금은 다른 모습으로 살아가고 있지만, 《과학자가 되는 방법》엔 없던 이야기, 졸업을 하겠다는 이상과 갈등이라는 감성을 오가다 살아남으면 '전우'가 생긴다는 이야기를 꼭 덧붙여주고 싶다.

지난주에 면허 땄어요

✦

"능력이 있고 갈 데가 있으면 졸업하는 거지!"라는 말을 항상 하셨던 교수님 덕에 목표는 최대한 빨리 잡았다. 주위에서 생명과학 분야 박사는 시간이 오래 걸린다는 것이 정설이었는데, 나의 경우는 박사를 석사를 받았던 곳에서 계속하다 보니 연구의 연속성이 꾸준히 유지되어 3년 안에 한국을 뜨겠다는 것을 목표로 삼을 수 있었다. 그리고, 계속 노래를 부르고 다녔다. 찰떡같이 믿고 말이 씨가 되도록….

"나 미국 갈 거야. 미국 갈 거야."

그 무렵 실험 시간이 길어지면 〈CSI 과학수사대 뉴욕 편〉을 보며 미국에 대한 동경을 하곤 했다. 3년 차에 들어서며 논문을 투고하고 미국 위스콘신에서 열린 학회에 대학원생에겐 없는 명함과 이력서를 컬러로 프린트해 만들어 갔다. 학회 중에는 종종 채용설명회job fair가 열리기도 하고 박사 졸업 준비생과 새내기 포닥을 위한 멘토링 프로그램도 열린다. 바이러스의 종류도 다양하거니와 연구방법도 다양해 구직활동을 하는 이들은 보물찾기에 나서야 한다. 바이러스가 세포에 침투하는 메커니즘 연구, 이온 채널 연구, 백신 연구 등 분야가 다양하고 어떤 이는 재조합 바이러스를 만들기도 한다. 그중에서 나한테 딱 맞는 분야와 사람을 만나기란 쉽지 않았다. 결국 나는 빈손으로 돌아왔다.

각 연구 분야의 학회 홈페이지에는 포닥이나 교수 채용공고 게시판이 있다. 열심히 찾았다. 아침에 출근해 커피 한잔 마시면서 늘 처음으로 들여다보는 곳이 채용공고였다. 대학원 생활 동안 하지 못했던 백신을 연구하고 싶고, 내가 만져봤던 바이러스를 다루는 곳이었으면 좋겠고, 지역은 너무 시골은 아녔으면 좋겠다. 사실 그렇게 따질 상황은 아니었다. 그러던 어느 날 딱 내가 하고 싶은 백신, 로타바이러스, 미국을 충족시켜주는 공고를 보았다.

닥터 B,
미국 바이러스학회 홈페이지의 공고를 보고 포닥에 지원하고자 합니다. 그러나 제가 아직 박사학위를 받지 못했습니다. 논문이 게재 승인 나게 된다면 내년 2월에 박사학위를 받을 수 있습니다. 제가 해보고 싶은 연구는 백신 개발에 앞서서 비슷한 질환을 일으키는 다양한 바이러스들 간의 간섭현상에 대한 것입니다. 저의 실험 기술과 발표자료를 담은 이력서를 첨부합니다. 좋은 소식 기다리겠습니다.

아직 졸업은 안 했지만 포닥으로 지원하고 싶다는 설레발치는 이메일 한 통을 보내고 이주일을 긴장 속에 보냈다. 교수님은 한국에 자리를 잡아 귀국하는 선배님이 있던 랩이 어떻겠냐고 추천하셨다. 그렇게 딱 두 군데 지원을 했다. 지금 와서 생각해보면 새로운 것을 해보고, 다른 분야에 도전을 하는 길보다는 안전한 길을 찾으려고 했던 것 같다. 나에겐 멘토가 없었으니까. 내가 대학원 생활하는 동안 박사학위를 받고 포닥을 떠나는 선배를 본 적은 딱 한 번뿐이었다.

거의 네 달이 지나 이메일을 보낸 기억이 흐릿해질 때쯤 닥터 B에게서 답장을 받았다. 늦게 이메일 보낸 이유가 여럿이겠지만 누군가를 돌고 돌아 나에게 왔든, 다른 사정이 있어서 오래 걸렸든, 내가 졸업 예정자라서 그랬든 어쨌든 답메일을 받았다는 것은 사실이었으니까. 내 아이디어에 관심이 있다면서 간단한 연구계획서를 요청했고, 그것을 바탕으로 전화 인터뷰를 하자고 했다. 지금이야 전 세계 여러 나라를 스카이프나 줌으로 연결해서 화상 인터뷰가 가능하지만 그때는 전화가 최선이었다. 간단하게 하고 싶은 연구에 대해서 쓰고, 그 외에 그 랩의 포닥이 된다면 기대하는 것을 이메일로 써서 보냈다. 시간이 엄청 오래 걸렸다. 혹여나 내가 쓴 영어를 못 알아들으면 어쩌나 하는 염려의 마음 때문에 몇 줄 안 되는 영어 메일을 쓰려는데 컴퓨터 앞에서 손이 덜덜 떨렸다. 전화 인터뷰 날짜가 잡혔다. 한국 시간으로 아침 8시. 원래 아침에 일찍 출근하지만 그날은 실험실에서 밤을 새웠다. 인터넷을 뒤져서 예상 질문지를 만들고 그에 맞는 대답을 꼼꼼하게 달아 컴퓨터 앞 벽에 다닥다닥 붙여 놓았다. 긴장하는 마음을 덜지 못한 채 간이침대에 누워서 밤을 지새웠다. 핸드폰은 혹여나 중간에 끊길까 봐 실험실 유선 전화 앞에서 아침 8시만 되기를 기다리다 출근한 후배를 옆방으로 쫓아내고 실험실 문을 걸어 잠갔다.

전화벨이 울리고 "굿 모닝"이란 말이 상대편에서 들려온다. 무슨 질문을 들었는지 잘 생각이 나지 않는다. 다만 밤새 뽑아놓은 질문지는 하나도 소용이 없었다. 전화를 끊고 한숨을 내쉬었다. 선배님이 거친 랩은 워낙 유명한 교수님이 계신 곳이다 보니 이력서가 산더미처럼 쌓여 있어 그런지 답메일 한 통 받지 못했다. 단 하나의 희망인 전화 인터뷰 한 곳에서 연락이 없으면 어쩌나 하는 걱정으로 몇 주를 보냈던 것 같다. 그러다 마침내 이메일을 받았다. 3월에 베트남 출장을 가는 길에 한국에 들러 인터뷰를 하고 싶단다.

박사논문을 탈고하고 운전면허학원에 등록했다. 일주일에 세 번, 새벽에 운전면허 시험장에 갔다가 학교로 출근하는 일을 몇 주간 반복했다. 국제면허라도 받아가려면 한국 면허가 있어야 할 텐데… 인터뷰도 하지 않았는데 마음은 이미 미국에 있었나 보다. 학위 수여식을 마치고 부모님은 은빛 마티즈 한 대를 사주셨다. 면허가 나오기 전까지 동생의 독차지가 되었던 마티즈를 딱 면허를 딴 지 일주일 되던 날 끌고 나갔다. 동부간선 도로를 타고 인천공항까지 달렸다. 때마침 닥터 B와 친분이 있고 나와 함께 프로젝트를 했던 A 박사님이 러시아를 갔다 오시는 길이었기에 공항으로 두 분을 맞이하러 나선 것이다. 겁도 없이.

운 좋게도 매끄럽게 주차장에 주차를 하고 닥터 B가 오기를 기다렸다. 종이에 닥터 B의 이름을 프린트해 게이트 앞에서 서성이고 있었는데 뒤에서 누군가가 나를 불렀다. 닥터 B였다. 비행기가 일찍 도착했다며 만나서 반갑다는 인사를 했다. 모스크바에서 오시는 A 박사님을 기다려 함께 주차장으로 향했다. 마티즈가 그렇게 작은 차인 줄은 그때까지 몰랐다. 두명의 짐을 하나는 트렁크에 하나는 앞좌석에 실으니 뒷자리가 비좁았다. 꽉꽉 막히는 동부간선도로에서 나의 고백이 이어졌다. "음, 사실 저 면허 딴 지 딱 일주일 되었어요!"

미국에서 보기 힘든 소형차, 면허 딴 지 일주일 된 운전자, 방음벽으로 둘러싸여 있는 꽉 막힌 도로. 그때의 이 장면을 B 박사는 10년이 넘은 지금까지도 종종 기억을 소환해 이야기하곤 한다. 그렇게 인터뷰를 본 후, 4개월이 지나서야 나는 오퍼 레터를 받았다.

외국인 과학자

샤이 걸

✦

‘내가 아이 학교 행사가 있어서 못 나가니 우리 브랜치 치프가 마중 나갈 거예요. 나는 다음 날 호텔로 픽업 갈게요.’

보스인 B 박사의 이메일을 확인하고, 이민가방 2개에 캐리어 하나와 배낭을 메고 공항으로 향했다. 이민가방은 무게가 초과되어 돈을 더 지불하고, 부모님과 동생과의 짧은 포옹을 뒤로 한 채 게이트로 향했다. 손에 쥔 편도행 티켓, 창밖으로 내가 타고 갈 비행기를 보며 부모님 앞에서도 흘리지 않았던 눈물을 흘렸다.

‘성공해서 돌아오리라.’

다시 돌아갈 수 있을 줄 알았다. 아빠는 사람들에게 2년짜리 ‘방문 연구원’이라고 이야기하곤 했다.

비행기가 연착이 된 데다 이민가방 2개를 카트에 실었더니 무게중심을 잡기가 쉽지 않아 나가 떨어지길 수십 번, 겨우 컨베이어 벨트에 짐을 다 실었다. 국제선에서 짐을 찾아 컨베이어 벨트에 실어 입국장에 가서 또 다시 짐을 찾아야 하는 복잡한 구조였다. 입국 심사에서는 1만 불이 넘는 돈을 가져오는 이유에 대해서 서류를 작성하라고 했고, 심지어 수표를 보여달라고까지 했다. 원래 도착 예상 시간보다 두어 시간이 지나서야 공항을 나섰다. 굽은 등으로 내 이름이 적힌 종이를 들고 있는 분을 만났다. 말수가 없는 그는 내가 연구하는 바이러스의 유전자를 증폭시키는 방법의 바이블이라 할 수 있는 논문의 저자로 유명한 분이었다. 그런 분이 내 무거운 이민가방을 낡은 그의 자동차에 손수 싣고 연구소에서 멀지 않은 호텔에 데려다 주었다.

다음 날 아침, 보스 B 박사를 만나 연구소로 향했다. 가는 길에 그가 한마디했다. "철창이 없는 곳이 에모리 대학이고 철창이 있는 곳이 연구소예요. 앞으로 모든 게 천천히 진행될 거예요. 마음을 여유 있게 가져요." 철창이 없으면 2차선 도로 하나 사이에 있는 에모리 대학과 연구소는 구분이 되지 않았다.

'여유'란 말의 의미는 며칠이 지나서야 알게 되었다. 비자를 받기 위한 서류만 5개월이 걸렸었는데, 다시 지문을 찍고 트레이닝을 수십 개 받아야 출입증이 나온단다. 게다가 나의 ID도 나오지 않아서 컴퓨터도 사용할 수가 없었고, 트레이닝을 못 받아 실험실에 들어갈 수도 없었다. 거의 2주가 넘어서야 출입증을 받고 실험실에 입성했다. 그동안 보스가 던져준 논문을 읽고, 실험계획을 세우고 주문해놨던 시약을 영접하는 시간이었다.

'이제 시작이구나.'

오랜만에 느껴보는 설렘이었다. 한국에서 '월화수목금금금' 생활하던 사람이 2주가 넘는 기간 동안 실험실을 못 들어갔으니

속이 다 시원할 지경이었다. 호텔을 나와 연구소 길 건너에 인터내셔널 빌라로 들어갔다. 선교기관에서 운영하는 단기 숙박을 위한 비영리 시설이었다. 한 달을 여기 살면서 이사 갈 아파트를 알아볼 참이었다. 연구소 바로 앞이다 보니 '얼리버드' 촉이 발동해 눈 뜨면 출근을 하고, 빌라에 가면 인터넷도 안 되던 시절이라 늦게까지 연구소에 남아 있곤 했다.

어느 날 옆 팀의 팀리더가 지나가면서 말을 건다. 그는 봉준호 감독을 좋아하는 사람이다. 은퇴한 지금도 종종 봉 감독의 신작이 나올 때면 안부인사 겸 영화 봤냐고 이메일을 보내 묻곤 한다. 어쨌든, 그가 뜬금없이 물었다.

"너 집 없어? 하루에 도대체 몇 시간을 여기에 있는 거야?"

오랫동안 연구실에 머무는 것이 미덕이자 의무였던 대학원생 티를 이제 막 벗은 나의 모습이 그에게는 집 없는 사람처럼 보였나 보다.

하루는 행정을 맡고 있는 비서가 심각하게 나를 불렀다.

"너, 일 많이 한다고 월급 더 안 줘. 그거 알고 있는 거지?"

하루 종일 실험실에 있다 보면 아침에 '헬로우' 한 마디만 하고 집에 갈 때도 있었다. 사람들은 나를 '샤이 걸shy girl'이라고 부른다는 것을 한참 후에야 알았다. 어려 보이는 외모에 말수도 없고, 온종일 실험실에만 처박혀 있는 모습은 한편으로는 무시의 대상이 되었던 것 같다.

"너 어떻게 여기 오게 된 거야? 니네 교수랑 우리 보스랑 아는 사이야?"

한국과 교류가 없던 우리 팀에서 갑자기 한국 사람을 뽑으니 근무한 지 오래된 랩매니저는 내가 대단한 뒷배를 가지고 있다고 생각했나 보다.

"모르는 사이인데. 나 그냥 인터넷 보고 지원한 거야."

대부분이 미국에서 학위를 한 사람들이다. 나처럼 외국에서 학위를 하고 한 번도 미국 내의 기관이나 학교를 거치지 않고 온 사람은 지금까지 보지 못했던 것이다. 희귀한 케이스였으니 사람들에게 더 이상하게 보였겠지.

출근한 지 한 달 반쯤 되었을 때, 보스는 브랜치 미팅에서 한국에서 하던 연구에 대한 세미나를 하라고 했다. 졸업논문 심사 때 썼던 슬라이드를 좀 수정해 첫 발표를 시작했다. 한국이란 나라에 어떤 학교가 있는지도 모르는 사람들은 한국 출신인 나에 대해 기대치가 없는 듯했다. 그런 나의 가장 큰 장점은 마이크로부터 매크로까지가 가능한 사람이었다는 것이다. 유전자로 할 수 있는 거의 대부분의 실험 기술부터 생존을 위한 연구비를 따기 위해 다뤘던 수많은 바이러스들과 다양한 검체들 그리고 실험동물과 더불어 야생동물까지 다뤘던 이력은 샤이 걸이라고 뒤에서 나를 비웃었던 이들에게 꽤 큰 인상을 안겨주었던 것 같다.

경비 아저씨들이 나를 부르는 별명도 있었는데 '빅 스마일'이었다. '좋은 아침, 오늘 어때?Good morning, How are you doing?'이란 말을 찰진 남부 억양southern drawl으로 이야기하면 제대로 알아듣지 못해 처음엔 그저 환하게 웃고 지나가곤 했다. 동양의 어려 보이는 여자에게 '헤이! 빅 스마일!Hey! Big Smile!'이라는 말은 한편으로는 편견과 무시가 담긴 말이었음을 뒤늦게야 깨달았다.

나에겐 엄마 같은 동료가 있다. 자메이카 이민자 출신인 그는 나중에 알게 된 사실이지만 우리 엄마와 연배가 비슷하다. 편안한 복장으로 출근하는 이들과 달리 늘 깔맞춤을 한 옷을 입고 화려한 장신구로 치장을 한다. 일단은 남부 억양이 아니고 브리티쉬 억양이 약간 섞인 조금은 듣기 편안한 발음으로 말도 안 되는 소리를 하는 나의 말을 경청해준다. 틀린 발음과 문장을 기분 나쁘지 않게 고쳐주고, 내가 쏟아내는 타향살이의 한숨을 가슴 깊이 받아주는 이었다. 그래서 용기가 생겼다. 사람들에게 인사를 하고, 이름을 기억하고, 말을 걸고, 대화를 할 수 있는 용기 말이다.

그 용기를 바탕으로 나는 연구와 실험에 아이디어를 내고 문제해결을 도왔다. 나의 세미나를 듣고 질문하는 이들이 생기기 시작했고, 팀에서 어드바이저의 역할을 하게 되었다.

"너는 자격이 있어You deserve it."

얼마 전 엄마 같은 동료는 연구소 내에서 주는 상에 나를 추천하겠다며 추천서를 써서 보내줬다. 보스가 아닌 동료가 써준 짧은 추천서는 샤이 걸과 빅 스마일에서 벗어나지 않았다면 이 자리에 없을 나에 대한 이야기였다.

누구나 와서 물어보면 함께 토론하고 논문을 찾아보고 실험의 방향이나 문제점을 해결해 나가는 길이 내가 샤이 걸에서 벗어날 수 있는 길이었을런지 모르겠다.

언니들을 만나다

✦

'성실 자매, K 목사님이 같은 연구소에서 일하시는 분이 교인이라고 알고 지내라고 연락처를 주셨어요. 한번 연락해 보세요.'

미국에 오면서 가장 두렵고 힘들었던 것은 전화로 하는 대화였다. 얼굴을 보지 않고 영어로 이야기한다는 건 공포에 가까웠고, 겨우 입을 떼어서 이야기하면 상대방이 못 알아듣겠다는 반응을 하기 일쑤였다. 그런 나에게 한국어를 쓰는 같은 연구소 사람이 있고, 전화를 걸어 한국말을 할 수 있는 동성이 있다는 건 꽤 반가운 일이었다.

"어디 살아요? 우리 집이랑 가깝네. 이번 주에 우리 집에 와요."

전화를 하자마자 당장 집으로 초대하신 분은 S 박사님이셨다. 따뜻한 밥 한 끼를 대접받고, 이래 저래 궁금한 것들을 한가득 물어봤다.

'이번 주 금요일에 점심 먹어요. 다른 선생님도 오실 거예요.'

S 박사님의 연락을 받고 나간 한식당에서 P 박사님을 처음

만났다. 그렇게 셋이 모인 게 벌써 14년이 되었다. 두 분은 나보다 한 해 먼저 오셨고, 한국에서 대학을 마치고 유학을 와서 박사학위를 받고 연구소로 온 거였다. 가끔 연구소를 돌아다니다 딱 봐도 한국인인 사람들을 몇몇 봤는데 성이 외국 이름이거나 한국어를 잘 못하는 2세인 경우가 대부분이라 더 반가웠다. 성인이 될 때까지 한국에 있었다는 것은 서로 간에 깊은 동질감을 갖게 한다. 비슷한 시대의 비슷한 장소라는 시공을 공유한 동일한 성性을 가진 이들과의 만남은 타국에서 더 큰 위로가 되고 힘이 되는 순간이 있다. 그렇게 나는 타향에서 언니들을 만났다.

타향살이를 하는 외국인 과학 노동자에게 가장 큰 문제는 체류 신분이다. 이민 사회에서는 선뜻 체류 신분을 물어보기 힘들지만, 연구소 안에서 안정적인 직분을 갖기 위해서 우선시되어야 하는 것이 신분이다. 보통 포닥은 한국과 미국의 문화교류 비자인 J1비자를 발급받는다. 최종 5년까지 연장할 수 있고 경우에 따라서는 매년 초청기관과 계약 연장을 해야 한다. 처음 J1비자를 받고 1년의 체류기간이 주어졌다. 연장할 시기가 가까워질수록 불안감은 점점 늘어난다. 언니들은 학생 비자부터 취업비자, 영주권, 심지어 시민권까지 모든 종류의 비자를 섭렵한 분들이었다. 정규직 임용이 되는 과정에서도 이력서와 지원 질문지 하나하나를 다 뜯어 고쳐준 언니들의 공이 살포시 들어가 있다.

한국의 가족을 두고 있는 우리에겐 늘 가슴이 철렁하는 순간들이 있다. 가끔 부모님이 갑자기 연락이 안 될 때, 부모님 건강이 안 좋으시다는 소식이 들려올 때만큼 두려울 때가 없다.

'아버님이 돌아가셨어요. 환송 예배드려요.'

이 지역 큰 교회의 작은 공간에서 드렸던 그 환송 예배에 앉아 있으면서 아마 우리는 다 동일한 마음을 가졌던 것 같다. 서로에게 위로가 필요한 순간이 이때이구나. 이민자나 외국인과 결혼을 하고 친정은 한국인 우리의 경우는 더더군다나 그 무게감이 크게 느껴졌다. 남편 말고 내 편이 없는 이 땅에서 힘이 되어줄 수 있는, 시공을 공유한 언니들은 단단한 버팀목이 되어주었다.

그 무렵 동남부 지역에 재미여성과학자협회(Korean-American Women in Science and Engineering, KWiSE) 동남부 지부가 설립되었다. 큰 학교들이나 대형 연구소 중심으로 모이는 규모가 큰 지부는 아니었지만 주변의 대학과 정부 연구소, 기업 등에서 일하는 여성 과학자들이 알음알음 모이기 시작했다. 세대나 전공 분야도 다양하고, 결혼의 유무, 가족의 형태와 지위도 다 달랐지만 우리의 공통점은 이국 땅에 살아가는 여성 과학자라는 것이었다.

1년에 한 번 개최하는 콘퍼런스의 면면을 보면 얼마나 다양한 분야의 사람들이 모였는지를 알 수 있다. 백신 연구, 도시 설계, 증강 현실, 자율주행차, 디자인 싱킹, 암 연구, 공중보건 추적 시스템 등이 제작년 콘퍼런스에 참여한 연사들이 나눈 주제이다. 모르는 분야를 알아가는 재미도 있지만 이 모임이 나에게 그리고 참석하는 모든 이들에게 애정 있게 다가오는 건 수년에 걸쳐 만들어낸 그물망이 있기 때문이다. S 박사님, P 박사님과 함께 시작했던 점심 모임이 KWiSE로 넓어졌고, 한 달에 한 번은 그 달에 생일인 사람을 축하해주기 위해 모인다. 소소한 수다, 집안 이야기, 동료나 상사 험담, 아이들 이야기를 하며 식사를 하다 보면 어느새 다시 들어가 일을 해야 할 아쉬운 시간이 돌아온다. 초기 별명이 샤이 걸이었던 내가 자신 있게 나를 꺼내 보여줄 수 있었던 것, 내가 연구한 만큼, 내가 일한 만큼 당당하게 요구할 수 있는 자신감과 용기를 가질 수 있었던 것도 여기서 만난 이들과의 촘촘한 그물망 덕분이었다. 아직 자리를 찾고 있는 이들에게 사람과 자리에 대한 정보를 공유하고, 이력서와 커버레터도 기꺼이 첨삭을 하고, 논문 정보도 교환하고 또 다른 그물망을 소개해주면서, 때론 연애 상담을 하고 결혼을 축하하고 출산을 축하하고 아픈 이들을 위로하고 슬픔을 나누면서 말이다.

처음 세 명이 전부였던 연구소의 한국 여성들이 점점 늘어나고 있고 KWiSE를 통해 작년에만 세 명이 새로 연구소에 입사했다. 이럴 때면 기쁘고 뿌듯하다.

"아이들 키우고 적당히 있기 좋은 것 같아요"라는 말에 화들짝 놀라며 꼰대 같은 소리를 한마디 더했다.

"할 수 있는 데까지 해야죠. 정규직도 되고 어렵지만 위로도 올라가야죠. 그래야 한국 사람들이 더 많이 이곳에서 일할 수 있어요."

언젠가 감기에 걸려 퇴근길에 베트남 국숫집에서 혼밥을 했다는 내 소식을 들으신 S 박사님이 그날 밤 집까지 찾아오셨다. 국과 밥에 반찬까지 꽉꽉 채워서 아이들과 먹으라며 손수 가져다준 것이다.

"엄마, 이모 왜 왔어?"

"응, 엄마 아파서 밥하기 힘드니까 너희들이랑 먹으라고 음식 가져다 주셨어."

"엄마, 이모 참 좋은 사람이다."

나에겐 이렇게 좋은 언니들이 있다. 나도 그렇게 좋은 언니

중 하나가 될 수 있기를, 먼 이국 땅에서 촘촘한 그물망의 그물코 하나가 되어 따뜻한 마음을 나눌 수 있는 그런 사람이 되었으면 좋겠다.

가면 증후군

✦

2007년 8월의 마지막 날 시작된 미국 생활. 한국과 미국의 문화 교류 비자라고도 하는 J1비자를 받고 미국으로 입국했다. 이 비자 이외에 실질적 체류 신분을 증명하는 서류는 DS-2019로 실제 체류할 수 있는 기간과 초대하는 기관, 체류 기간 동안의 경제적 보조 등에 대한 내용을 담고 있다. 처음 미국 입국할 때 받은 DS-2019는 1년짜리로 1년이 지난 후에 다시 발급받아야 하는 것이었다. 연구소의 상황을 알지 못하는 상태에서 받았던 이메일에는 '초청 연구원' 신분으로 2년 계약이라는 내용이 있었다.

'초청 연구원'이라는 직급의 포닥에게는 2년짜리 불안정한 신분이 마음을 더 불안하게 했다. 처음 미국 올 때는 2년 후에 한국에 다시 돌아갈 것이라는 마음이 80퍼센트였다면, 시간이 지날수록 생각보다 빨리 나오지 않는 논문과 쌓여가는 데이터를 보며 '다시 돌아갈 수 있을까?'라는 의문이 더 커졌다.

처음으로 맡았던 연구는 당시 막 몇몇 국가에 시판이 허가된 로타바이러스 백신에 대한 연구였다. 5세 이하 어린이 사망률이 꽤 높은 비율을 차지하는 로타바이러스의 백신은 위생시설, 주거 환경이 좋은 고소득국가보다 그렇지 않은 국가에서 더 효과가 좋아야 하는데, 오히려 고소득국가에서는 백신 효과가 높은데 반해 저소득국가에서 상대적으로 효과가 낮았다. 그 이유를 찾는 연구가 나의 첫 번째 과제였다.

판매되고 있는 백신은 경구로 투약하는 백신으로 약독화된 살아있는 바이러스를 입을 통해 접종해 바이러스가 약하게 장에 감염되면서 이에 대한 면역 반응을 일으켜 실제 다량의 바이러스에 감염되었을 경우 대응할 수 있는 시스템을 체내에서 만드는 원리이다. 나라마다 차이가 있는 것은 외부적인 환경들이 이유가 될 수 있다. 예를 들어서 공중보건, 위생 등의 환경 상태와 접종 대상인 영아의 엄마의 영양상태나 모유 수유가 영향을 줄 수 있을 거라는 가설을 세우고 몇몇 국가의 모유를 모으기 시작했다. 여러 나라의 모유 샘플과 백신주✦ 종류마다 어떤 관련성이 있는지를 혼자서 실험했다. 몇천 개의 샘플을 다른 종류의 실험법과 다른 종류의 바이러스로 실험을 하다 보니 주재료는 바뀌어도 실험은 매일 반복된다.

거의 1년간 내가 한 일은 똑같은 일의 반복이었다. 아침에 출근해 그날 실험 준비를 하고 몇 시간 동안 반응을 시키고 세척하는 과정을 수없이 거치다 중간에 미팅도 하고 세미나도 듣고 다시 실험으로 돌아가는 일상이 처음엔 적응하기 힘들었다. 논문을 읽다가 떠오르는 생각이 있으면 그때그때 확인하던 재미와 습관

✦ 백신의 원료가 되는 바이러스.

은 점점 도태되어갔고, 해야 할 실험이 많아 1년은 자동으로 계약이 연장될 수 있겠지만 과연 그 후에 나는 어떻게 될 것인가에 대한 불안한 생각으로 스스로 자신감을 잃어갔던 것 같다.

과학은 아르키메데스나 뉴턴처럼 번뜩이며 떠오르는 혁신적인 생각보다는 반복되는 실험을 통해 가설을 증명해내는 과정임을 너무도 잘 안다. 하지만, 그 시간들은 지루한 일상이었고, 나에게 찬란한 미래를 약속해주지도 못했다. 그런 생각들을 뒤로하고 시간이 지나면서 샤이걸에서 말문이 조금씩 트이기 시작했고, 내 큐비클cubicle 바로 옆의 남아공 출신 아저씨와 자메이카 출신 아줌마 연구원과 매일 아침 잡담하는 일상을 보낼 수 있을 정도가 되었다. 1년 반 정도 되었을 무렵, 그동안 나의 손가락과 팔로 생산해낸 데이터들을 모아 한창 결과를 분석하고 있을 때였다. 갑자기 이메일로 이력서를 보내라는 보스의 말에 이메일을 보내고 잔뜩 긴장한 채 그에게 찾아갔다. 외국인의 경우 외국인 신분 (J1, H1－취업비자－, 영주권)으로 정규직과 동일한 임금과 연금, 보험 혜택이 가능한 포지션이 있다. 보스는 외국인에게 주는 그 정규직 포지션을 나에게 주겠다고 했다. 그 후 3개월여간의 서류 심사가 끝나고 1년 8개월 만에 포닥 인생에 마침표를 찍었다.

처음 맡았던 프로젝트는 아직 분석 중이었고, 또 다른 작은 프로젝트는 마무리해서 겨우 논문이 한 편 나왔다. 몇 년씩 있어도 정규직이 되기 어려운 시기에 온 지 1년 8개월밖에 안된 내가 정규직이 되니 주위가 웅성웅성거렸다.

정규직이 되었다고 맘껏 기뻐하기도 전, 나에게 사무실이 주어졌다. 4개 팀이 한 층을 같이 쓰고, 사무실로 독립된 공간은 한

층에 10개밖에 없다. 팀 리더들이 큰 사무실을 하나씩 쓰고 각 팀당 작은 사무실이 하나씩이 배정되었는데, 그 방을 내가 받게 된 거다. 큐비클에서 사무실로 이사하던 날, 음악을 틀어놓고 책상 정리를 하던 내게 누군가 지나가면서 한마디를 던졌다. 너무 좋은 티를 내지 말라고….

눈으로 보이는 업적이나 말로 떠드는 실력보다 그렇지 않은 모습만 보여왔던 나에 대한 자존감이 무너지기 시작했다.

'내가 부족한데, 운으로 된 건가?'

'영어도 못 하는 내가 이렇게 돼도 되는 건가?'

'내가 지금 무슨 일을 하고 있는 거지?'

지금 와서 돌아보면 난 '가면 증후군'에 빠진 것이었다. 심리학자 폴리 클랜스와 수잔 임스가 처음으로 언급한 '가면 증후군'은 성공한 사람이 자신에 대해 '나는 자격이 없는데 운으로, 또 주변 사람들을 속여 이 자리에 온 것'이라 생각하며 스스로를 불안해하는 심리를 일컫는다.

생각보다 빨리 주어진 안정된 환경은 스스로의 자존감을 점점 더 낮게 만들었고, 연구하는 분야는 논문이 많이 나오거나 높은 영향력지수(Impact Factor, IF)의 유명한 저널에 나오는 단골 연구도 아니었다. 논문을 점수화시켜 평가하는 한국의 시스템에 익숙하던 나는 영향력지수가 높지 않은 저널의 한두 편의 논문으로 이 자리를 차지했다는 것이 낯설게 느껴졌고, 언젠가 나의 실력이 발가벗겨질 날이 있지 않을까 하는 두려움이 커져갔다.

첫 프로젝트에 대한 논문을 구상하다가 연구소를 은퇴하고 다른 곳의 꽤 높은 보직에 있는 닥터 G를 만났다. 내가 만들어온 표와 그래프를 쭉 한번 훑어보더니 옆에 앉아보란다. 꼼짝없이 옆에 붙어서 한 시간 동안 논문 지도를 받았다. 그냥 개괄적인 내용만 봐준 것이 아니라 논문의 개요부터 시작해서 결론과 고찰까지 앉은 자리에서 논문 한 편을 거의 다 쓰다시피 한 것이다. 놀라운 경험이었다. 논문에 대한 이야기를 끝내고 헤어짐의 악수를 하며 그는 내가 보냈던 논문 편집본을 나에게 돌려주었다. 그 앞 장에는 "당신은 개척자이다You are the Pioneer"라는 파란 글씨가 적혀 있었다.

스스로 가면 뒤에 숨어 있을 때, 자존감과 연구에 대한 자신감마저 떨어져 있을 때, 닥터 G가 내게 남겨준 그 한 문장이 가면을 깰 수 있는 망치가 되었다. 다음을 증명하고 또 그다음을 증명해야 하는 과학의 굴레처럼, 결국 타국에서의 이 삶도 다음을 또 그다음을 증명해야 함을 깨닫는, 그리고 그 길이 개척자의 길이라면 즐거이 걸어갈 것임을 다짐할 수 있는 계기가 되었다.

50년 근속 아저씨

✦

숨 막히는 애틀랜타의 교통체증을 피하기엔 새벽 출근이 더할 나위 없이 좋다. 아이들이 스쿨버스에서 내릴 시간에 맞춰서 집에 도착하려면 새벽 6시부터 일을 시작해 점심은 사무실 책상에서 대충 때우고, 시간 맞춰서 해야 하는 실험들, 미팅, 세미나 등을 마치고 2시 반에 연구소를 나서야 간신히 아이들을 맞이할 수 있다.

퇴근 시간 무렵, 내가 일하는 건물 앞에 앉아 매일 퇴근하는 사람들에게 인사하는 할아버지가 있다. 낡은 애틀랜타 브레이브스 야구팀 모자를 쓰고 커다란 회색 후드티를 입은 할아버지는 비가 오는 날이면 건물 안쪽 로비에, 해가 좋은 날이면 건물 밖 화단에 매일 앉아 있다. 꽤 오래전에는 할머니 한 분과 같이 산책을 하거나 앉아 있었는데, 전해 들은 바로는 그 할머니는 할아버지의 오랜 동료로 몇 년 전에 돌아가셨단다.

늘 지나치기만 했던 이 할아버지가 어느 날 연구소 홈페이지

메인화면에 등장했다. “연구소 근속 50주년 축하”라는 제목이 달린 사연은 이랬다. 그는 1968년 자동차가 3000달러, 기름값이 갤런당 34센트였던 20대 초반부터 연구소에서 일을 시작해서 50여 년간 실험실 지원팀Laboratory Support Group에서 실험 과학자들에게 필요한 비커, 시험관, 유리병 등을 씻고 멸균하고 포장하는 일을 했다.

한국에서 대학원 다닐 때는 모든 것을 대학원생이 해야 했다. 시약병을 닦는 것은 물론이고, 연구비를 아끼기 위해 실험에 사용하는 소모품들을 대용량으로 구매해서 손으로 하나하나 준비하고 멸균하는 작업을 해야 했다. 동물실 관리는 물론이고, 생물 폐기물도 직접 멸균을 하고 컴퓨터 조립뿐만 아니라 소중한 생물자산이 들어 있는 초저온 냉동고 관리를 위해서 에어컨 조절을 하는 것도 대학원생의 몫이었다.

처음 연구소에 왔을 때, 놀랐던 것 중에 하나가 이런 세세한 부분이었다. 여긴 모든 것이 분화되어 있었다. 한국 대학원이란 우물에서만 살았던 나에게는 신세계나 다름이 없었다. 필요한 소모품과 시약병 등은 온라인으로 주문하면 24시간 안에 바로 사용 가능한 상태로 픽업할 수 있고, 매주 필요한 만큼의 세포도 주문할 수 있다. 실험에 필요한 시약들도 온라인으로 주문하면 연구소 내 배달원들이 연구실 문 앞까지 배달을 해준다. 실험실에서 나오는 생물 폐기물들은 아침저녁으로 멸균해 폐기물 처리를 해주고 쓰고 남은 화학약품을 안전하게 폐기해주는 이들도 있다. 동물실 관리와 동물의 건강을 모니터링하는 이들도 있다. 컴퓨터, 프로그램 설치와 교육을 담당하는 부서가 따로 있으며, 초저온 냉동고를 24시간 모니터링해주는 사람들도 있다. 형광등과 에어필터 심지어는 못을 박아주는 시설팀도 다 따로 있다. 이런 사람들은 우리 눈에 잘 보이지 않는 곳에서 일한다.

그깟 실험기구 세척하는 사람의 50년 근속이 뭐가 그리 중요하냐고 이야기하는 사람이 있을지도 모르겠다.

그런데, 중요하다.

아무리 많이 배우고 그 분야의 전문가라고 해도 연구소 내에서 그들이 그들의 과학을 잘할 수 있도록 보이지 않는 곳에서 일하는 이들이 없다면 어떻게 될까?

그동안 모아놓았던 온라인 쇼핑몰 포인트를 사용해 로봇 청소기 하나를 장만했다. 써보니 신세계가 열렸다는 미국 아줌마들의 열띤 리뷰에 덜컥 사서 충전하고 청소를 시작했다. '예약해놓고 나가면 깨끗하게 청소해줘서 좋아요'라는 리뷰는 저학년 아이들을 둔 우리 집에서는 실현 불가능한 리뷰에 불과했다. 레고와 퍼즐 조각 등 작은 장난감들이 바닥에 널려 있는 우리 집에서는 로봇 청소기가 청소를 잘할 수 있게 움직이는 곳곳마다 내가 따라다니며 정리를 해야 했다.

정리되지 않은 마룻바닥을 지나치다 레고 조각이 하나 끼어서 삑삑거리며 에러 메시지를 보내고, 꽉 차버린 먼지통 때문에 제대로 청소도 못하고 뱅뱅 제자리만 돌고 있는 로봇 청소기의 모습은 언제든 나와 같은 과학자에게 일어날 수 있는 일이다. 우리의 과학을 돕는 이들이 없다면 말이다.

눈에 보이지 않는 바이러스를 볼 수 있는 방법은 전자현미경을 이용하는 것이다. 환자의 체액 샘플이나 세포에서 배양한 바이러스를 정제해 고정시켜서 전자현미경을 통해 바이러스의 형태를 관찰하곤 한다. 5년 전 전자현미경 기술자 한 분이 은퇴를 했다. 작게 마련된 그의 은퇴식에는 연구소의 중역들이 다 참석했다. 연구소에서 수십 년 동안 대중에게 공개했던 바이러스 사진들은 다 이분 손을 거쳐서 완성된 것들이다. 비록 사진 한 장이라 논문의 이름 순서에서는 뒤로 밀려서 기여도가 적은 것처럼 보여도 바이러스 연구에 있어서 외부적 환경이나 유전적 변화로 인해서 달라지는 바이러스의 모양을 알려주는 전자현미경 사진은 없어서는 안 될 중요한 자료이다.

연구소에는 현미경 기술자와 같은 특정 분야의 기술자들이 많다. 유전자 서열을 분석해주는 연구원, 유전자 분석을 하기 위한 짧은 유전자 절편을 합성해주는 연구원, 원하는 시약을 제조해주는 연구원, 실험에 필요한 의약품을 관리하는 약사 등 우리의 과학을 위한 서비스로 보이는 일들을 하는 또 다른 과학자들이 있다. 한국과 크게 다른 점은 이렇게 각 팀에서 진행 중인 연구를 위한 또 다른 전문가들이 존재한다는 것이다.

50년간 같은 일을 해온 그 할아버지는 전문가이자 정규직 직원이다. 은퇴를 한 현미경 기술자도 정규직으로 수십 년간 다른 이들이 하는 과학을 지원하는 또 다른 과학을 했던 정규직 직원이었다.

연구소 내에서 과학을 하는 연구원만 정규직이 되라는 법은 없지 않은가? 꼭 있어야 할 곳에서 꼭 해야 할 일을 하는 이들에게 안정적인 자리를 보장하는 것은 연구소 내에서 공동의 목표를 실현하기 위한 유기적인 조직을 만드는 방법이다.

오늘도 퇴근길에 마스크를 쓰고 힘겹게 땀을 흘리며 앉아 있는 그 할아버지를 만났다. "좋은 저녁 보내세요!"라는 말을 인사로 남기고 돌아섰다. 난 항상 그를 볼 때면 마음속에서 고마움이 올라온다. 과학은 혼자 할 수 없다. 톱니바퀴처럼 모든 이들이 하나하나 맞춰서 굴러가기에… 그래서 더 의미가 있는 거지.

내 친구 조 박사

✦

"이제 얼마 안 남았어. 곧 보자!"

단조로운 일상에 가끔 설레는 순간이 있다. 둘째 임신 5개월, 미국 남부의 뒤늦은 계절 변화가 일어날 때쯤 친구의 소식을 들었다.

나와 함께 석사를 하고 다른 학교에 연구원으로 취직했던 친구는 그곳에서 박사과정을 시작했다. 그리고 몇 년 후, 함께 연구하던 다른 과의 대학원생과 결혼을 했다. 주변에서 하나둘 결혼을 하기 시작할 무렵, 나는 친구의 결혼식에서 축가를 불렀다. 축하할 일인데, 왜 그 앞에서 그리 눈물이 나던지.

홀로 미국 땅을 밟았던 험난한 정착의 시간, 난 친구에게 전화를 했다. 방에 전등도 기본으로 달려 있지 않은 미국의 아파트. 쓸쓸하고 깜깜한 방에서 침대도 없이 바닥에 이불 깔고 누워 전화를 걸었다. '여보세요?' 전화기 너머 그 말 한마디에 왈칵 울음이 쏟아졌다. "힘들어?"라고 묻는 친구의 한마디에 흐느낌 말고는 어떤 반응도 할 수 없었다. 그 힘겨웠던 정착의 시간을 거치러 그가 온단다. 혈혈단신으로 애틀랜타행 편도 비행기표만 사서 왔던 나와는 다르게, 친구는 남편을 따라 딸과 함께 한국에서 이삿짐을 부치고 비행기에 올랐다.

나는 크리스마스가 끝나고 새해가 시작되기 전, 배 속의 5개월 된 둘째와 함께 친구를 만나러 보스턴행 비행기에 올랐다.

차를 렌트하고 공항을 빠져나오는 초행길에 남부에선 잘 볼 수 없는 눈이 내리기 시작했다. 눈을 오래간만에 맞았다. 내가 가지고 있는 가장 두꺼운 패딩을 입었지만 보스턴의 얼음장 같은 날씨에 무용지물이었다. 꼬불꼬불한 보스턴 외곽의 주택가 한 은행에서 친구를 만났다. 우리는 반가워서 부둥켜안고 방방 뛰는 그런 낯 간지러운 행동은 하지 않는다. "왔어?" "응, 예원이 어딨어?"라며 친구의 딸을 찾았다. 미국의 은행에서 외국인이 계좌를 만드는 데는 시간이 꽤 오래 걸린다. 그 지루한 일 처리에 지쳐 있을 친구의 딸과 대화를 시작했다. 미국에 오기 전 친구 배 속에 있던 녀석은 이제는 키가 훌쩍 큰 초등학생이 되어 있었다. 보스턴은 연구중심 대학교가 많아서 단기로 오는 한국 사람이 많고 내가 사는 남부와는 다르게 '정착 서비스'가 있다. 한국에서 인터넷으로 연락하면 미리 집도 알아봐주고, 커다란 미니밴으로 공항 픽업도 해주고, 중고차 구입도 도와주고, 은행, 핸드폰, 아이들 학교, 가구 구입 및 장보기까지 모든 정착과정을 도와주는 서비스이다. 정착한다고 힘들어 친구에게 전화해 울던 내 모습은 보스턴의 정착 서비스에 비하면 참 구질구질한 기억이 되었다.

친구네 집은 빨간 벽돌로 된 오래된 타운하우스였다. 미국에서는 1978년 이전에 지어진 집들은 페인트의 납 성분으로 인해 납중독의 위험이 있다고 경고한다. 그래서, 유독 오래된 집이 많은 보스턴은 아이들이 학교 갈 때 필요한 건강검진 서류에 납 검사가 필수로 들어가 있다는 설명을 들으며 집으로 들어섰다. 남부 집에선 상상할 수 없는 온돌이 깔려 있고 집의 연식보다 꽤 관리가 잘된 집이었다. 친구의 남편은 학회가 있다며 바로 집을 떠났고 2박 3일을 맘 편하게 친구의 정착 서비스를 따라다녔다. 살림살이와 가구를 사고, 장을 봐서 밥도 해 먹고, 장난감 가게에서 나는 친구 딸의 선물을 친구는 내 큰아이 선물을 샀다. 마지막 날 밤, 우리는 야심 차게 보스턴 시내의 랍스터 식당을 찾아 나섰다. 부둣가의 허름한 식당에서 나는 내 친구가 같은 미국 땅에 살고 있음에 감사함을 느꼈다. 친구의 남편이 돌아오고 난 2살배기 첫째가 기다리는 집으로 돌아가려 주차장으로 향할 때였다. 우리는 항상 그랬다. 만날 때의 낯간지러움은 없어도 헤어질 때는 늘 펑펑 우는… 나이가 먹을수록 그 증상이 더 심해지고 있었다. 한 번 꼭 안고, 남부로 놀러 오라는 말을 남기고 차에 올랐다.

그 후로 4년이 지났다. 추수감사절이 오기 전, 여전히 뒤늦은 계절의 변화가 일어날 때쯤, 보스턴행 비행기에 올랐다. 임신 5개월에 내 배 속에 있던 둘째는 이제 내 옆에서 헤드폰을 끼고 태블릿을 보며 얌전히 앉아 있다. 등에 멘 가방엔 두 시간의 비행시간의 도우미가 될 과자와 책이 담겨 있다. 창문 밖의 비행기들을 보며 한껏 신이 난 둘째의 뒷모습이 설렘을 담고 미국 오는 친구를 맞으러 처음 보스턴행 비행기를 탔던 내 모습과 겹쳐진다.

난 이제 친구를 보내러 간다. 4년의 시간이 지나 친구의 남편은 한국에 있는 대학의 교수로 임용되었다. 당장 1월부터 출근해야 하는 남편의 일정에 맞추어 이사 준비를 하느라 정신이 없었다. 4년 사이 친구도 둘째가 생겼다. 처음 보스턴에서 친구와 친구의 딸과 셋이 앉아 설설 기며 눈길을 운전했었는데, 이제는 내가 아닌 친구가 직접 운전을 하고 뒤에는 훌쩍 커버려 소녀가 된 친구의 딸과 똑 부러지게 한국말을 쉼 없이 쏟아내는 친구의 아들, 그리고 처음 경험하는 보스턴의 추위에 정신을 못 차리는 나의 둘째가 함께 앉았다. 4년 전 보스턴에 왔다 정착 서비스만 경험하고 간 내가 마음에 걸렸었는지 이제는 능숙한 솜씨로 우리를 여기저기 안내한다. 하버드대 스퀘어에서 벌벌 떨면서 단체사진도 한 장 남기고 푸르덴셜 타워에 올라가 붉게 물든 보스턴의 전경도 보았다. 보스턴의 높은 물가에 밀려 타운하우스에서 아파트로 이사한 친구는 내가 좋아하는 감자탕을 국물이 진하게 우러나도록 끓여놓았다. 아이들의 끊임없는 소란을 배경으로 뜨끈한 감자탕과 맥주 한 병을 놓고 이야기를 나누었다. 포닥의 빠듯한 월급으론 미국의 살인적인 미취학 아동의 데이케어 비용을 감당하기 힘들다. 게다가 더 살인적인 보스턴의 물가는 박사학위가 있는 친구의 취업을 망설이게 만들었다. '한국 가면 다시 실험실 나갈 거야?'라는 나의 물음에 친구의 입은 천천히 벌어진다. 한 실험실에서 가족이 함께 일할 수 없다는 한국의 규정 때문에 바로 일하기는 쉽지 않을 것 같다는 친구의 말은 참 어렵게 뱉어졌다. '나 다 까먹은 것 같아' 수도 없이 했을 피펫질이, 밤새가며 수도 없이 찍었던 MRI가 이제는 어색할 것 같다는 친구의 말이 마음에 남았다.

공항으로 가는 길, 우리 둘은 말이 점점 없어졌다. 뒷자리의 두 꼬마 녀석들만 쉼 없이 떠들어댔다. 주차비 나가니 그냥 공항

앞에 내려달라고 했다. 또 그 시간이 왔다. 차에서 내리며 울꺽 쏟아지는 친구의 눈물을 보았다. '한국 잘 가고, 건강하게 잘 지내고.' 짧은 인사를 남기고 우리 둘의 눈이 수도꼭지가 될까 이번엔 친구가 서둘러 차에 올랐다.

이 땅 어딘가에 함께 있다는 것만으로 감사와 위로가 되던 친구가 이젠 없다. 친구는 한국에서 또 다른 정착을 시작했고, 아직 어린 둘째를 돌보느라, 4년의 공백을 쉬이 채우질 못하고 있다. '조 박사!'라는 말보다 'OO 엄마!'라는 말이 더 익숙해져 버린 친구를 나는 종종 '조 박사!'라고 부른다. 언젠가 그의 꿈이 다시 시작되길 바라는 동료로서의 마음에 그가 얼마나 과학을 사랑했는지 얼마나 열심히 그 길을 걸었는지 기억하는 친구로서의 마음을 더해서 말이다.

우리의 흔적

✦

"이거 누구 건지 알아?"

세포를 키우는 인큐베이터 안에 희뿌연 노란색의 액체를 가리키며 동료가 물었다. 여러 명이 함께 사용하는 실험실에선, 아니 실험을 하는 사람이면 누구나 가장 먼저 배우는 것이 날짜를 쓰는 법이다.

한국은 날짜를 '년/월/일' 순서로 쓰지만 실험실에서는 대부분 미국 방식인 '월/일/년'의 순으로 쓴다. 이것이 중요한 이유는 시약을 만든 날짜, 세포를 키운 날짜, 바이러스를 키운 날짜, 배지를 만든 날짜 등 시간차로 인한 실험의 오차를 최소화하고 실험의 조건을 최적화시키기 위한 가장 기본적인 절차이기 때문이다. 세포는 주둥이가 꺾어지고 뚜껑에 필터가 달린 투명한 플라스크에 키우거나 구멍이 4, 6, 12, 24, 48, 96개가 있는 플레이트에 키운다. 투명한 플라스크 귀퉁이나 플레이트 뚜껑에는 세포의 이름과 세포를 배양한 날짜와 더불어 세포의 나이를 표기한다. 과학자들은 세포의 나이를 계대passage라고 부른다. 예를 들어, Vero cell p50이라고 쓰여 있으면 원숭이 신장세포에서 유래한 Vero라는 이름의 세포를 50번 계대했다는 뜻이다. 바이러스도 비슷하게 접종시킨 숫자를 써놓는다. 그리고 마지막으로 그 플라스크의 주인의 이름을 써놓는다. 세포와 바이러스를 키우기 위해서는 시간과 노력이 필요하다. 내가 대학원에서 처음 사수가 되었을 때, 석사과정으로 들어온 후배에게 이렇게 이야기했다.

"세포는 아기와 같은 거야. 매일 사랑으로 돌봐줘야 잘 자라거든."

물론 그 말은 과학적으로 검증할 수 없는 은유법이었지만, 세포가 매일 잘 자라고 있는지, 배지의 색깔은 바뀌지 않았는지(주로 페놀레드가 들어간 진주홍색의 배지를 쓰는데, 페하pH에 따라 색깔이 변한다), 다른 박테리아나 곰팡이가 들어가서 오염되지는 않았는지를 매일 관심 깊게 관찰해야 하니 아주 틀린 말은 아니다. 세포나 바이러스에 따라서 5일에서 14일 이상이 걸리는 누군가의 노력의 산물은 늘 '주인'이 있기 마련이다. 주로 자기 이름의 이니셜을 쓰거나 나처럼 다른 사람과 이니셜이 겹치는 경우는 '성'이나 '이름'의 조합을 만들어 자신만의 표기법을 만든다.

인큐베이터 안 문제의 노란 용액이 든 10개의 플라스크 어디에도 주인의 이름은 없었다. 세포 종류도 이니셜로만 써놓은 채였다. 노란색이 되었다는 것은 배지 안의 페하가 6.8 이하의 산성이 되었다는 뜻이고, 뿌옜다는 것은 세포나 바이러스가 아닌 다른 생명체가 자라고 있다는 의미였다.

사람마다 고유한 지문이 있듯이, 플라스크에 유성펜으로 적는 글씨체는 우리가 CSI 요원이 아닐지라도 한눈에 알아볼 수 있는 흔적을 남긴다. 누군가는 꾹꾹 눌러쓴 글씨로 누군가는 갈

겨쓰는 글씨로 가끔 외국에서 오는 이들은 그들의 문자로 흔적을 남긴다. 오랜 기간을 한 실험실에 있다 보니, 고스란히 -70°C 냉동고에 보관되어 있는 많은 이들의 흔적과 그 그림자를 한눈에 알아볼 수 있다.

"이거 H 글씨체인데."

주인을 찾았다. H는 요즘 대량으로 세포를 키우다 보니 표기를 제대로 하지 못했다는 변명의 한마디를 남긴다.

실험실에서 동료의 글씨체가 가진 의미는 그렇다. 실험자의 노력과 시간이 담겨 있고, 반복적으로 이루어졌던 시각 자극으로 동료의 얼굴과 함께 뇌에 각인되어지는 그런 존재다. 실험에 있어 신의 손을 가진 누군가의 시약은 신뢰할 수 있고, 똥손을 가진 누군가의 시약은 불신하게 되는 잣대의 의미도 지닌다. 오래된 실험실일수록 실험실을 거쳐 간 많은 이들의 이름과 글씨체는 냉동고 안에서 그 실험실 역사의 증거가 되기도 한다.

나는 큰 프로젝트를 앞두고 있을 땐 1.5밀리리터 튜브를 나란히 꽂아 놓고 뚜껑에 글씨를 쓴다. 레이블링이라고 부르는 이 과정은 튜브에 들어갈 샘플 종류, 고유 번호, 날짜와 내 이름까지 지름 1센티미터 뚜껑에 모두 다 남기는 과정이다. 좁은 면적에 많은 정보를 모두 담으려면 고도의 집중력을 요한다. 새 유성펜을 꺼내 들고 허리를 숙여 집중하고 있는 내 모습이 원시적으로 보였는지, 다른 동료가 한마디를 건넨다.

"컴퓨터로 라벨 프린트하면 되잖아!"

프린트된 라벨은 -70°C에서도 떨어지지 않는 접착력을 가졌다. 그러나, 복사/붙여 넣기의 과정은 튜브마다 다른 일련번호를 써넣어야 하는 내 프로젝트에는 맞지 않는다. 시료에 따라서 바코드를 붙이기도 하는데 바코드는 숫자의 나열이지 그 시료 고유의 의미를 부여하지 않는다. 두 가지 다 붙인 라벨이 떨어지면 버려지는 아무 의미 없는 존재가 되어버린다. 이래저래 변명을 늘어놓는 나에게 동료는 "옆방에 열 프린터로 직접 튜브에 프린트하는 기계 있더라"라고 한다. 가로 세로 높이가 1미터가 넘어 무게가 꽤 나가는 열 프린터를 가리키면서 말이다.

그럼에도 내 손이 떨려서 유성펜으로 가는 글씨를 튜브에 못 남길 날이 올 때까지 나는 직접 내 흔적을 남길 것이다. 그렇게 흔적을 남기는 동안 실험을 시작하기 전 마인드 컨트롤을 할 수 있을뿐더러, 전체 과정을 한 번 복기할 수 있어 꽤 유용하기 때문이다.

그렇게 나는 오늘도 나의 흔적을 남긴다.

산업재해

✦

비가 온다. 낮게 깔린 구름이 저 멀리 보이는 애틀란타의 고층 건물들을 집어삼켜 버렸다. 열리는 창문이 없어 빗소리도 비 오는 날의 습도도 느낄 수 없지만, 어김없이 나의 손은 반응한다. 손가락 마디가 뻣뻣하고 손목이 아려온다. 실험실 복도를 지나치다 손목을 빙빙 돌리는 나에게 동료가 한 마디를 건넨다.

"밖에 비 오는구나?"

대학원 시절, 새로 들어온 후배에게 1.5밀리리터짜리 플라스틱 튜브 하나와 피펫을 들려주었던 기억이 난다.

'튜브를 주머니에 넣고 다녀. 이렇게 손가락 하나로 여닫을 수 있도록 연습을 해봐.'

대단한 기술은 아니지만 튜브를 한 손으로, 한 손가락으로 여닫는 것은 실험 과학자에겐 몸이 기억하는 일이다. 간단한 유전자 조작을 위해서 생명과학자들은 대장균을 이용한다. 실험실에서 인위적으로 유전자를 합성해서 플라스미드라는 유전자 고리를 대장균에 넣어주면, 대장균의 복제 시스템을 빌려 수천 배의 플라스미드가 만들어진다. 대장균에서 대장균의 유전자가 아닌 플라스미드 유전자만을 선별적으로 추출하는 과정을 '플라스미드 DNA 추출'이라고 한다. 적어도 10개 내외에서 많게는 100개 가까운 대장균 샘플에서 플라스미드 유전자를 추출하는 과정을 매일 해대던 때가 있었다. 내세울 게 없던 석사과정 학생의 치기였을까 누군가 실험실 막노동의 수고를 알아주길 바랐던 걸까, 서로 몇 개의 시료를 가지고 실험했는지가 자랑이 되었던 시절이 있었다. 그 실험과정에서는 튜브 뚜껑을 여러 번 열었다 닫아야 한다. 가로 12개 세로 8개의 튜브를 꽂을 수 있는 튜브 랙에 튜브를 줄 세워 꽂아주고 '슉슉슉' '딱딱딱' 일정한 리듬에 맞추어 반복된 일을 여러 번 한다. 첫 실험실 때부터 지금까지 20년이 넘는 시간 동안 내가 여닫은 튜브가 몇 개나 될까?

실험실에서는 일정한 부피의 시약이나 용액을 담아서 옮기는 일이 중요하다. 0.1마이크로리터부터 시작해 1밀리리터까지의 용액을 자유자재로 옮길 수 있는 건 스포이트를 정량화시킨 피펫이라는 소중한 도구가 있기 때문이다. 팁이라고 부르는 양쪽이 구멍 나 있는 원뿔 모양의 플라스틱을 각 용량에 맞는 피펫에 끼우면 원하는 용량을 옮길 수 있다. 엄지손가락으로 버튼을 누르는 것처럼 피펫 위쪽 끝을 누른 상태에서 용액을 빨아들이고 다시 다른 곳으로 옮겨서 피펫을 누르면 깔끔하게 용액이 옮겨진다. 팁 하나만을 꽂는 피펫부터 8개 혹은 12개를 한 번에 꽂을 수 있는 멀티 피펫도 있다. 피펫으로 용액을 옮기거나 용액을 섞거나 하는 과정을 실험 과학자들은 피펫팅pipetting이라고 한다. 위의 유전자를 추출하는 과정에서 시료 1개당 수십 번의 피펫팅을 한다고 생각하면 시료가 많으면 많을수록 엄지손가락과 손목은 엄청난 수난을 겪게 된다.

박사과정 1년 차였을까? 오른손이 통통 부었던 적이 있다. 엄지손가락을 구부리기 힘들어 정형외과를 찾았다. 의사 선생님은 너무 많이 써서 인대가 늘어난 것 같다며 구부러지는 금속을 엄지손가락에 대고 붕대를 칭칭 감아주셨다. 오른손을 못 쓰면 왼손이 있다. 그때부터 왼손으로 피펫팅 연습을 했다. 오른손보다 속도는 느려 인내를 요하지만 오른손의 기술을 왼손도 몸으로 기억하기 시작했다.

사람이나 동물 혈청의 특정 바이러스에 대한 항체가 있는지, 혹은 사람이나 동물의 분비물에 특정 바이러스가 있는지 검출하기 위해서 효소결합면역흡착검사(ELISA) 방법을 사용한다. 포닥을 처음 시작하던 해, 시료 수백 개로 실험을 하는 날 보더니 보스는 실험실에 기계를 들여놨다. 피펫팅 대신 일정량의 용액을 분주·희석하는 기계와 플레이트를 세척하는 부피가 큰 기계가 실험실대 하나를 꽉 채웠다. 한 번에 10장에서 20장의 플레이트를 다루는 내게 커다랗고 멋져 보이는 그 기계는 무용지물이었다. 기계와의 속도 경쟁에서 3배나 빠른 내 손을 더 신뢰했다. 그렇게 10년이 넘는 시간 동안 나의 엄지손가락과 손목은 쉼 없이 쓰였다.

비가 오는 날이거나 대용량의 시료로 실험을 한 날이면 어김없이 엄지손가락 보호대나 손목 보호대를 한다.

"응, 20년짜리야"라는 나의 대답에 동료는 "응, 난 30년"이라고 받아친다. 20년, 30년 실험실에서 보낸 시간이 많을수록 반복되는 실험으로 손가락, 손목의 연골이 점점 닳아간다. 실험실 40년 경력의 테크니션은 10년 전쯤 손목 수술을 했다. 우리는 이렇게 모두 오랜 시간에 걸쳐 몸에 축척된 재해를 가지고 있다. 요즘은 수동으로 쓰는 피펫 대신 자동으로 혹은 인체공학적으로 만들어진 가벼운 피펫을 사용하고 무식하게 속도만을 신뢰하지 않으며 기계에 많은 부분을 맡긴다.

언제까지 피펫팅을 할 수 있을까? 실험 과학자로 늙어서 허리가 꼬부라지고, 흰머리가 나도 피펫을 놓지 않겠다는 다짐은 점점 빛을 잃어간다. 10년 후면 나도 수술을 해야 할까? 아니면 실험을 하지 않는 다른 직책으로 옮겨야 할까? 멋있게 실험실을 지키고 싶다는 꿈이 바래져가는 만큼 이제는 종종 기계에 일을 맡긴다. 기계보다 3배 빠른 내 손의 속도가 오히려 실험 과학자로서의 수명을 단축시킬 수 있을 테니 말이다.

존경하는 닥터 G

✦

그를 처음 만난 건 길게 늘어선 복도 끝에서였다.

"당신이군요. 한국에서 온 소녀가!"

꽤 큰 키의 그는 눈을 동그랗게 뜨며 큰 손을 내밀어 내게 악수를 청했다. 논문에서만 보던 소위 '대가Big guy'가 내 앞에서 내 이름을 물으며 환영한다고 이야기했다.

"성실, 우리가 새로 시작할 프로젝트는 새로운 길이야, 앞으로 기대가 많아!"

과학자에게 자신이 연구하는 분야의 대가를 만나는 일은 떨리고 흥분되는 일이다. 나는 그런 분을 아무런 준비 없이 복도에서 마주쳐 버렸다. 미국에 도착한 지 2주도 안 되었을 때 그를 처음 만났다. 연구소 내에서는 대부분 XX 박사라는 호칭은 쓰지 않는다. 팀 리더뿐만 아니라 센터 디렉터까지 이름으로 부른다. 닥터 G가 왔던 그날, 이름을 부르며 정답게 포옹을 하는 이들도 있었지만 어떤 사람들은 극존칭의 "Sir"를 쓰면서 인사했다.

어느 날 닥터 G는 옆에 나를 앉혀놓고 논문 개요를 설명하면서 물었다.

"논문 쓰기 3R에 대한 파일 받았어?"

뜬금없이 3R이라니? 무슨 소린지 어리둥절해하는 나에게 그는 곧 워드 파일 하나를 이메일로 보내주었다. 수천 편의 논문을 쓴 그는 첫 논문을 쓰는 역학자, 과학자, 방문연구원, 학생과 포닥들을 위해 과학, 역학 논문을 쓰는 법에 대한 조언을 워드 파일로 만들었다(3R 이란 Rxx's Rules of wRiting을 줄임말이다). 그 파일 서문에는 이런 말이 있다. "내가 당신에게 논문을 다시 돌려주었을 때, '흥미로운 논문이다' 혹은 '행운을 빈다'라는 말을 비롯해 아무 말이 없다면 그 논문은 나에게 절대 흥미롭지 않다는 뜻이다. 나는 조언을 많이 하는 사람이다. 내 조언을 다 수용할 수도 혹은 그렇지 않을 수도 있지만 나의 조언이 당신이 배우고 성장하는 데 도움이 되리라는 것을 확신한다."

실제 그랬다. 그는 내가 만든 표와 그림을 보더니 어떤 표와 그림이 먼저 오는 게 좋은지 쭉 나열을 한 다음, 표와 그림 옆에 짤막한 문장을 하나씩 적었다. 그리고 그 문장에 대한 설명을 네다섯 문장으로 나누고 논문의 결과에 들어갈 몇 개의 단락들을 한순간에 써 내려갔다. 컴퓨터로 타이핑을 한 게 아니라 볼펜을 손에 쥐고 이야기를 하면서 간략하게 써 내려간 그의 글씨를 해석하느라 나중에 꽤 고생하긴 했다. 결과를 먼저 작성하고서 쉽게 쓸 수 있는 실험 방법과 분석 방법을 쓴 뒤 그다음으로 서론 부분을 쓰라고 했다. 논문의 구성은 보통 요약-서론-실험 방법 및 분석 방법-결과-고찰의 순서로 이루어지는데, 결과를 제일 먼저, 그다음 실험 방법, 그다음에 다시 처음인 서론으로 돌아가라는 것이었다. 그는 서론의 경우 이 논문을 읽게 만드는 작전을 짜는 과정이라고 했다. 첫 번째로 일반적인 주제와 독자를 끌어들이기 위한 배경 설명을 하고, 두 번째는 사례를 구체적으로 들면서 그것이 제기하는 논란 혹은 문제의 해결책을 제시해야 한다. 세 번째는 필자의 공격을 담아 독자를 매료시키라고 이야기했다. '서론은 간단하고 명료한 문장으로 써야 하며, 서론에 독자를 참여시키지 않으면 논문을 심사하는 심사자들도 흥미를 잃을 것이다'라고 했다. 마지막으로 고찰은 5개 단락으로 나누고, 첫 번째로 우리의 연구 결과가 왜 중요한지 더 구체적으로 설명하고, 두 번째 단락에서는 연구에 있어서 작은 발견들을 설명하고, 세 번째 단락에 지금까지 발표된 문헌들과의 차이점은 무엇인지, 우리가 기대하는 것과 일치하는지 일치하지 않는지, 우리의 견해를 넓혀줄 수 있는 것은 무엇인지를 쓴다. 네 번째는 그 연구의 한계를 찾아 연구를 통해서 우리가 밝히지 못한 것이 무엇이고, 어떤 문제가 있었는지 즉, 한 발자국 더 나아가지 못한 것에 대한 반성의 의미를 담고, 마지막으로 앞으로 우리가 어디로 나아갈 수 있는가를 제시해야 한다고 말했다.

그의 머릿속에서 술술 흘러나온 그날의 논문 쓰기 강의는 나에게 평생 절대 잊을 수 없는 경험이었다.

그와 함께 썼던 논문은 여러 논쟁거리를 불러일으켰다. 각 나라의 산모의 모유에 있는 면역 성분이 생백신의 효과를 저하시킨다는 내용이었는데, 결과적으로 생백신의 이러한 단점을 극복할 수 있는 사백신이나 다른 차세대 백신의 필요성을 역설한 연구였다. 그러나 사람들은 달이 아닌, 달을 가리키는 나의 손을 바라보았고, 아이들한테 좋은 모유 수유에 대해 부정적이라는 식으로 비판을 쏟아냈다. 그 논란은 닥터 G를 비롯한 보스와 그 위의 보스 그리고 연구소에서 방어해주었다. 그 연구를 시작으로 생백신의 효과가 저소득국가에서 낮은 이유에 대해 많은 과학자가 달려들어, 엄마로부터 전달되는 면역이나 마이크로바이옴 microbiome✦에 대한 연구까지 이어지고 있다. 닥터 G는 나에게 '개척자'라는 말을 써주었고, 큰 학회장에서 내가 만든 슬라이드를 발표할 때마다 꼭 나의 이름을 언급한다. 그 논문은 소위 영향력 지수(IF)가 높은 저널에 낸 논문이 아님에도 불구하고 현재까지 160건의 논문에 인용되었다.

남아공 학회 마지막 날 아침 호텔 식당에서 그를 만났다. 혼자 식사하던 그는 나와 동료를 자신의 테이블에 앉으라고 불렀다. 가끔 연구소나 학회장 혹은 콘퍼런스 콜로 그를 만나지만 그는 언제나 나에게는 떨림을 준다. 그는 아침 섹션의 좌장을 맡았다며 아프리카 로타바이러스 연구의 역사에 대해서 쭉 설명해주었다. 과거에는 어떤 유형의 로타바이러스가 유행하는지를 파악하는 일이 중심이었다면, 백신이 접종되기 시작하면서 백신 관련 임상 연구에서부터 면역계나 바이러스 유전체의 변화에 대한 연구까지 꽤 큰 걸음의 발전을 이루었다면서 감회가 새롭다고 이야기했다.

구글 학술 검색 페이지에서 오늘 함께 좌장을 맡은 아프리카 연구자의 업적을 훑으며, 그의 최신 프로젝트는 무엇인지 가

✦ 미생물을 의미하는 마이크로바이오타microbiota와 유전자를 의미하는 게놈genome을 합쳐 만든 합성어로 인간, 동식물, 토양, 바다, 대기 등 모든 환경에서 서식하거나 공존하는 미생물과 그 유전정보 전체를 포함하는 미생물군집이다.

장 많이 인용된 논문과 연구 주제에 대해서 미리 파악하며 잘 알지 못하는 상대를 만나기 위한 준비를 하고 있었다. 학회의 오전 프로그램이 시작되자 그는 앞에 나와 이 말을 제일 처음으로 꺼냈다.

"미국 국립보건원(National Institutes of Health, NIH)에서 얼마 전 새로운 규정을 하나 마련했어요. 남성 패널로만 구성된 '매널manel' 학회에 연사로 초청받으면, NIH 소속인 사람들은 그 학회를 보이콧하라는 것이죠. 오늘 패널을 보니 다행히 여성분이 앉아 계시네요. 그분 덕에 나는 오늘 이 자리에 설 수 있게 됐네요"라며 여성 연구자에게 감사 인사를 하며 악수를 청했다. 그는 재작년 열린 세계 로타바이러스학회에서는 우리 학계 여성 연구자의 사진을 보여주면서 "로타바이러스의 여성들Women in Rotavirus"이라며 자랑스러워했다.

아침을 먹으며 내가 관찰했던 그는 그랬다. 오래된 작은 배낭, 구식 카시오 디지털시계를 찬 마른 손목, 그리고 몇 년 새 눈에 띄게 굽은 등이 눈에 들어왔다. 그를 처음 만난 게 14년 전이니, 세월의 흔적으로 인한 그의 모습에 마음이 짠했다. 그럼에도 그는 참 열심히 사람들을 찾아다니고, 만나고, 기억하고, 배움에 모자람이 없다. 오래도록 닥터 G를 볼 수 있으면 좋겠다. 열정적이고, 사교적이며, 젠더의식까지 장착한 이들을 이 학계에서 더 오래, 더 많이 볼 수 있길… 정말 그랬으면 좋겠다.

86년생 포닥이 들어오다

✦

작년 랩 미팅 시간에 주변에 있는 대학에서 막 박사 논문 심사를 앞둔 학생이 참석해 세미나를 했다. 우리가 연구하던 분야와는 약간 거리가 있었지만, 우리 연구의 영역을 넓히기 위한 좋은 아이디어를 가지고 있었다. 그 후 6개월이 지나 그는 우리 팀원이 되었다.

처음이라 의욕이 활활 넘치는 그와 이야기를 하다 보니 아내는 같은 학교의 박사과정이었고 딸 하나를 둔 아빠이기도 했으며, 나이가 무려 86년생이었다. 그의 나이에 내가 놀랐던 건 오랫동안 같은 공간에서 같은 사람들을 보면서 나와 내 동료들의 나이 먹어감에 대해 둔감했기 때문이었다. 심지어 보스는 미혼의 20대 끝자락이었던 나와 현재의 나를 가끔 동일시하기도 한다. 그때마다 내 연차를 꼭꼭 집어서 바로잡아야 하는 번거로움이 있다.

아무튼, 새로 온 포닥의 등장은 잔잔하던 호수에 파도를 만들기에 충분했다. 우리 팀은 연구소 내에서도 인력의 이동이 거의 없다. 누군가 나가서 새로 뽑은 인력이 아니라 연구 확장성을 위해서 추가로 뽑은 인력이기 때문에 오랫동안 같이 일했던 사람들 사이에서 그는 도드라져 보일 수밖에 없었다. 과학을 하는 실험실은 겉으로는 다 비슷하게 보여도 세세한 부분들은 꽤 많이 다르다. 특히 학교와 연구소는 관리나 안전 규정 같은 면에서 차이가 많이 난다. 2주일 정도 신분증이 안 나와서 논문만 보던 그는 신분증이 나오니 신이 났다. 새로 해보고 싶은 실험이 많은지 사람들에게 시약과 소모품들이 어디 있나 물어보더니 온종일 실험실에서 나오지 않았다.

다음 날 아침, 새벽에 출근한 동료 한 명은 실험실을 보고 놀라서 내 연구실까지 한달음에 달려왔다. “너 메인 실험실 확인해봤니?” “아니, 아직 실험실 안 들어가봤는데?”

쫄래쫄래 동료를 따라 실험실에 가보니 피펫이며 팁이며 뚜껑들은 종류별로 다 열려 있고, 쓰레기는 실험대에 가득 쌓여 있었다. 혼자서 사용하는 실험대가 아니라 공동으로 사용하는 공간이니, 자신의 실험이 끝나면 바로바로 치워야 하는데 학교에서 혼자서 실험대를 썼었는지 아니면 급한 일이 있어서 마저 치우지 못한 채 퇴근했는지 난장판이었다. 막 출근해 급하게 가방을 내려놓는 그에게 살며시 말을 건넸다. “너 어제 급한 일 있었니? 실험실 좀 가봐야겠는데.” “아! 어제 정리를 못 하고 갔는데….” “빨리 가서 정리해. 우리 팀만 쓰는 공간이 아니고 바로 옆에는 다른 팀이 사용하니까 앞으로 주의해야 할 거야.” 한번 찍히면 요주의 인물이 된다. 실험실 안전을 담당하는 동료는 새로 온 포닥의 일거수일투족을 이미 점검하고 있었다. 실험실 내에서는 비상시에 울리는 사이렌 소리를 못 들을 수 있기 때문에 안전 문제로 이어폰 착용을 금지한다. 그는 이어폰을 끼고 실험실에 들어갔고, 생물 폐기물을 규칙대로 버리지 않았고, 깨끗한 플라스틱과 스티로폼만 재활용이 가능한데 이것저것 생활 폐기물들을 재활용 통에 넣어놨다.

아니나 다를까 실험실 안전을 담당하는 J는 내게 와서 씩씩거리며 그동안 자신이 추적했던 새로운 포닥의 잘못된 점을 정리해왔다. 보여달라고 하지는 않았다. 다만 "네가 전문가니까 네가 책임지고 앞으로 새로 오는 사람들을 교육해보는 건 어때?"라고 물었다.

다음 날 랩 미팅에 들어가 86년생 포닥을 포함한 새로 입사한 사람들의 실수에 대해 말을 꺼내려는 J의 말을 막고 이야기했다. "우리 팀에서 실험실 안전에 대해서 제일 잘 아는 사람이 J이니 앞으로 새로 오는 사람들의 안전교육을 전담할 수 있도록 하면 어떨까?" 모든 팀원이 만장일치로 환영했다. 사실 얼마나 귀찮은 일인가? 다행히도 J는 정리하고 매뉴얼을 만들고 교육하는 일을 즐기는 사람이다.

J와 새로 온 포닥의 나이 차이는 족히 30년은 될 것이다. 규모가 크고 인력 이동이 거의 없는 우리 같은 조직은 그래서 세대 간의 차이를 이해하고 인식하는 것이 필요하다. 〈세대 간 커뮤니케이션〉이란 다양성 교육을 받았었는데, 밀레니얼 세대, X세대 그리고 베이비붐 세대의 배우들이 강사로 나섰다. 태어난 연도로 참가자들을 분리시켜 그룹을 만들었다. 나는 X세대의 막내로 들어갔으나 미국이라는 특성과 X 세대 안에서도 20년이라는 차이

가 있다 보니 X 세대는 아닌 것 같고, 밀레니얼 세대 그룹을 부러움의 눈길로 쳐다봤다. 강사들이 우리에게 제일 먼저 준 숙제는 '가장 충격적으로 기억에 남는 사건은 무엇인가?'였다. 다만 세대를 뛰어넘어 모든 이에게 충격을 주었던 9.11 테러는 제외시키라고 했다. 베이비붐 세대는 루이 암스트롱의 달 착륙, 마틴 루터 킹 주니어의 행진과 죽음 그리고 베트남 전쟁을 꼽았다. X 세대는 베를린 장벽 해체, 개인 컴퓨터 소유와 우주 왕복선 폭발 사건을, 밀레니얼 세대는 마이클 잭슨의 사망, 버지니아텍과 샌디훅 초등학교의 총기 사건 그리고 절대 상상하지 못했던 아이폰의 출현을 손에 꼽았다.

각 세대의 역사적인 사건의 차이를 실험실로 그대로 가져오면 베이비붐 세대는 플라스틱 플라스크에 세포배양, 중합효소 연쇄 반응으로 유전자를 증폭할 수 있는 기술(PCR)을, X 세대는 실시간으로 중합효소 연쇄 반응을 볼 수 있는 리얼타임 PCR, 초저온 전자현미경, 유전자 변형을 시킨 동물을 꼽을 수 있다. 밀레니얼 세대에겐 차세대 염기서열 분석법과 실험실 환경에서 3차원으로 배양하는 오가노이드 기술을 꼽을 수 있을 것이다. 그래서 이 두 연구원 간에는 연령뿐만 아니라 연구 주제도 확연하게 차이가 난다. 86년생 포닥은 가장 최신의 기술을 이용한 연구를 진행 중이고 베이비붐 세대의 동료는 오래전부터 몸에 밴 기술과 연륜은 있지만, 최신 기술에 대해서는 이해도가 떨어진다. J를 오랫동안 옆에서 지켜보니 자신 없는 부분은 다른 사람들에게 선뜻 내어주고 자신 있는 부분에서는 부족한 부분을 채우기 위해서 더 노력하고 깐깐하게 구는 것을 느낄 수 있었다.

86년생 포닥뿐만 아닌 다른 포닥이 왔을 때를 생각해보면 나와의 세대 차이도 분명히 있었다. 최신 기술은 계속 업데이트 하면서 따라가지만 뭐랄까? 학교를 떠나 처음으로 만나는 사회라는 공간에서 2~3년의 정해진 시간 동안 자신을 보여줘야 한다는 생각에 통통 튀는 그들을 보면서 한편으로는 부러움과 또 한편으로는 질투심이 일었다.

'나도 저랬을까?' 생각해보면… 어쩌면 나는 더했을지 모른다. 앳돼 보이는 동양 여자가 말도 제대로 못 하면서도 인정받기 위해서 내가 아는 것을 전부 쏟아냈을 테니 말이다.

세대를 이해하는 건 현재의 나를 이해하고, 나의 과거를 이해하는 것이자 나의 미래를 예상해볼 수 있는 것이다. 그렇게 생각하니 이제야 세대 차가 나는 이들에게 어떤 것을 맡기고 어떤 부분을 자유롭게 놔줘야 하는지 좀 보이는 것 같다.

〈세대 간 커뮤니케이션〉 교육 중 '현재 조직 내에서 밀레니얼 세대의 특징이 무엇인가?'라는 질문이 있었다. 참석자들은 "끈기가 없다. 기껏 교육해서 일을 시킬 만하면 나가버린다"라고 대답했다. 과연 그럴까? 내가 밀레니얼 세대가 아니라서 100퍼센트 확신할 수 없지만, 조직 내에서 아직도 두꺼운 베이비붐 세대와의 소통이 어렵고 그들이 맘껏 일할 수 있는 환경이 만들어지지 않는 것은 아닌지 생각해봐야 한다. 우리는 아직도 연륜이라는 이름으로 직급을 나누는 단단한 피라미드에 있기 때문이다.

넓고 젊은 아프리카 땅

✦

남아프리카 공화국에서 열리는 아프리카 로타바이러스학회에 참석했다. 생전 처음 밟아 보는 아프리카 땅에 대한 기대는 출장 한 달 전부터 시작되었다. 출장을 가는 지역마다 풍토병이나 다른 전염 가능성이 있는 질병의 위험이 있는지를 연구소 클리닉에 가서 미리 상담받아야 한다. 다행히 남아공은 몇 년 전 유행했던 지카바이러스 위험지역이 아니었고, 일반적으로 국가 예방 접종에 들어가는 몇몇 전염병에 대한 백신 기록만 있으면 되었다. 각종 비상약과 말라리아약을 선물인 양 한 아름 받아왔다. 한 가지 새로 접종한 백신이 있는데 모기를 통해서 감염되는 황열바이러스에 대한 백신이었다. 황열바이러스는 아보바이러스 속genus에 속하는 바이러스로서 그 역사가 오래되었으며 미국 역사에는 빼놓을 수 없는 바이러스다. 1600년대 멕시코에서 처음 발견된 이 바이러스는 사실 신대륙 발견 후, 아프리카에서 신대륙으로 이동했던 아프리카계 노예들을 통해 신대륙에 정착했다. 1800년대 들어 프랑스의 식민지였던 아이티가 독립할 수 있었던 것도 황열병에 대한 저항성이 없던 프랑스군이 대패했기 때문이었고, 대서양과 태평양을 잇는 파나마 운하 건설을 위해 투입되었던 프랑스인들이 두 손 두 발 들고 포기한 이유도 바로 황열병 때문이었다. 결국 파나마 운하는 1900년대 초반 황열병 연구를 시작했던 미국에 의해 7년의 세월에 걸쳐 건설되었다. 황열병 연구를 책임졌던 사람은 군의관이었던 '월터 리드Walter Reed'였다. 미국 대통령의 건강을 책임지는 국군 병원과 미국 내의 생물무기 관련 시설, 급성 전염병에 대한 백신을 생산할 수 있는 시설을 갖춘 곳의 명칭도 '월터 리드'의 이름을 따서 붙였다.

월터 리드는 황열바이러스를 가지고 있는 아프리카 숲 모기로부터 인간을 분리하는 예방법을 사용하였다. 그러나, 그 방법만으로는 수많은 이들의 간이 손상되고 눈과 얼굴이 노랗게 변하는 황달 증세와 고열을 일으키는 이 병에서 벗어날 수 없었다. 이 황열바이러스에 대한 백신은 바로 남아공 출신인 막스 타일러 박사에 의해서 개발되었다. 남아공에서 수의학을 전공한 그는 영국을 거쳐 미국으로 건너오게 되었고, 황열바이러스를 쥐의 뇌에서 배양하는 데 성공한 후, 록펠러재단으로 옮긴다. 타일러 박사는 수천 번의 시도 끝에 세포에서 17D라는 약독화된 백신주를 만들어내는 데 성공했으며, 자신에게 그 백신을 직접 접종함으로 항체가 생성되는 것을 확인했다.

1951년 타일러 박사는 황열바이러스 백신을 개발한 공로로 X선 촬영 이론을 확립한 앨렌 코맥 이후 남아공의 두 번째 노벨상 주인공이 되었다.

새로운 대륙을 향하는 발걸음은 황열병 백신 접종과 그 뒷

이야기가 더해져 기대감이 높아졌다. 학회는 요하네스버그 공항에서 10분도 채 안 걸리는 호텔에서 개최되었다. 중앙에 카지노를 기준으로 2, 3, 4, 5성급의 호텔이 연결되어 있는 독특한 구조의 건물들이었는데 호텔에서 나와 학회장으로 가기 위해선 화려한 조명의 카지노를 가로지르고 금속 탐지기를 통과해야만 했다. 아프리카 학회의 첫인상은 지금까지 갔던 어떤 학회보다 새로웠다. 참석자의 80퍼센트 이상이 흑인이고 0.3퍼센트 정도가 아시안인 학회는 처음이었다. 이 학계에서 나는 어딜 가나 소수인이었는데 말이다. 그나마 다행인 건 인종으로서는 소수일지 모르나 여성으로서는 소수가 아니라는 것이다. 내가 연구하는 바이러스는 여성 연구자들이 많은 편이다.

아프리카의 화려한 색감의 옷으로 치장한 아프리카의 여성 연구자들로 가득 채워진 학회장은 축제의 장 같았다.

요즘 참여하는 학회에서는 연사의 다양성 비율을 눈여겨본다. 아직도 주류 학회에서 흑인들이 대표 연사로 나오는 경우는 드물며 여성이 한 명도 앞에 나서지 않는 학회들도 있다. 아프리카의 학회는 앞을 보고 있는 것만으로도 뿌듯했다. 특히 나보다 어려 보이는 젊은 연구자들이 연단에 서 있는 것을 보고 놀랐다. 어려 보이지만 그들은 대학교수나 국립 연구소의 책임 있는 자리에 당당히 서 있는 이들이었다.

언젠가 〈네이처〉에서 나이지리아 질병통제센터(Nigeria Centre for Disease Control, NCDC)장인 이헥위주Ihekweazu 박사의 이야기를 읽은 적이 있다. 에볼라를 비롯한 각종 풍토병이 계속해서 창궐하고 보건 인력과 연구 환경이 부족한 아프리카에는 전 세계 국가들과 NGO의 지원이 끊임없이 이어지고 있다. 그러나 이헥위주 박사는 단발성으로 유행하는 질병에 대한 원조가 아니라 자신들이 스스로 전염병을 방어할 수 있는 시스템을 만들고 싶다고 이야기했다.

사하라 이남 지역에서는 25세 이하의 인구가 전체의 62퍼센트라고 한다. NCDC의 대부분의 인력은 30세 이하이다. 그래서인지 젊은 그들의 패기와 자신감이 아프리카 특유의 억양에 꾹꾹 묻어나왔다.

내가 방문한 2019년은 아프리카 로타바이러스학회 창립 12주년을 맞이하는 해였다. 마지막 날 마무리 연설을 맡은 초대 학회장은 12년의 역사가 담긴 오래된 사진들을 모두에게 보여주었다. 12년 전 처음으로 학회가 생길 때는 아프리카 본토 흑인은 한둘에 지나지 않았다. 남아공 출신의 백인들과 영국과 미국 출신의 과학자들이 아프리카에서 높은 발병률을 보이는 이 바이러스에 대해 연구를 해보자고 만든 단체였다. 지금은 아프리카 본토 사람들이 훨씬 높은 비중일뿐더러 학회 운영도 아프리카 본토인들이 대부분 차지하고 있다. 초대 학회장은 "이제는 젊은 당신들이 일할 때가 왔다"라고 이야기했다.

그들이 하는 연구는 바다 건너 소위 선진국에서 하는 연구와 크게 다르지 않았지만 그들이 독립적으로 그 땅의 전염병에 대해서 연구할 수 있는 기틀을 마련하고 성장하는 데는 12년이 걸렸다. 이제 NCDC의 이헥위주 박사의 말처럼 다른 나라들과 종속관계가 아닌 파트너로 어깨를 맞대고 나아갈 시간이 온 것이다.

기조 연사였던 한 여성 과학자는 그곳에 앉아 있는 이들에게 이렇게 말했다. “당신은 왜 여기에 있습니까? 우리가 무슨 일을 해야 합니까?” 마치 그는 그 학회에 참석한 이들에게 아프리카 공중보건의 당위성과 사명감을 심어주는 설교자 같았다.

수많은 전염병에 맞서 항해를 하는 동안에도 끊임없이 배를 만들어가야 하는 젊은 아프리카 땅의 과학자들과 그들의 과학을 응원하고 기대한다.

엄마 과학자

여자 박사의 결혼

✦

"남편은 어디서 학위 했나?"

결혼을 한다고 한국에 가서 교수님들에게 말씀드렸을 때 돌아온 질문이다. 결혼 소식을 주변에 알리면 들려오는 물음은 항상 같았다. 남편이 뭐 하는 사람인지, 학위는 어디서 했는지, 어느 학교 교수인지.

나는 남편을 교회에서 만났다. 경제학 박사과정을 수료하고 학교를 뛰쳐나와 열정적으로 아이들을 가르치는 일을 하던 남편을 내가 미국에 온 첫 해 겨울에 알게 되었다. 남편은 나의 영어 과외 선생이었다.

2월의 어느 추웠던 날 아침, 출근길에 갑자기 차가 시동이 걸리지 않았다. '이걸 어쩌나?' 당황해서 우왕좌왕하다가 결국 걸어서 버스를 타고 출근을 했다. 그날 다른 사람들과 함께 계획된 실험이 있어 늦지 않기 위해 버스에서 내려서 뛰었다. 오전 내내 정신없이 실험을 하고 오후가 돼서야 자동차가 생각이 나서 연구소 동료들한테 물어봤다. 배터리가 나갔을 가능성이 많다고들 한 목소리를 냈다. 그런데 막상 배터리를 충전할 수 있는 케이블을 차에 가지고 있는 사람이 아무도 없었다. 다들 급하게 퇴근을 해야 하는 걸 알기에 퇴근해서 케이블을 가져다 내 차를 충전해 달라는 말을 할 수 없었다. 교회가 있는 한인타운과 선후배들이 있는 조지아텍과의 거리도 꽤 애매했다. 미국 최대의 교통체증을 자랑하는 애틀랜타의 교통체증을 뚫고 와서 도와달라는 소리를 쉽게 꺼내지 못했다. 망설이다 지금의 남편에게 전화를 걸었다.

"오빠, 제 차 자동차 배터리가 나간 것 같은데요?"

"어 그래? 내가 9시에 수업 끝나니까, 그거 끝나고 가서 해줄게. 걱정하지 말고 있어."

밤 10시가 돼서야 그가 나타났다. 집에 있었던 것도 아니고, 어디서 빌려온 것도 아닌, 보아하니 오다가 새로 산 케이블을 능숙하게 배터리와 연결한다. 충전 후 5분 정도가 지나니 금방 시동이 걸린다.

"한 5분 정도 충전하고, 이 주위를 한 20분 정도 운전해봐. 그럼 괜찮을 거야. 내 생각엔 어제 차에 실내등을 켜놔서 그런 것 같아."

가난한 포닥의 첫 차는 가장 기본 사양인지라 실내등이 일정 시간이 되면 자동적으로 꺼지지 않고 밤새도록 켜져 있었던 모양이다. 그는 시동이 걸려서 움직이는 내 차를 보고 쿨하게 떠났다. 그때 이후로 남편에게 영어 과외는 받지 않았다.

2017년 한국 보건사회 연구원 인구포럼에 제출된 저출산 대책의 한 대목에는 이렇게 쓰여 있다.

"여성의 교육 수준과 소득 수준이 상승함에 따라 하향 선택 결혼이 이루어지지 않는 사회관습 또는 규범을 바꿀 수 있는 문화적 콘텐츠 개발이 이루어져야 한다."

'하향 선택 결혼'이란 생소한 단어는 고학력 고소득 여성들이 자신보다 소위 스펙이 낮은 남성들과 결혼하는 것을 그럴듯하게 포장해낸 말이다. 내 결혼 소식을 듣고 주변에서 나에게 물었던 질문들을 복기해보면, 고학력 여성의 결혼은 그들 자체에 초점이 맞춰지기보다 한국사회에서 고학력, 고소득 여성이라는 편견의 필터에 걸러져 뭉뚱그려짐을 알 수 있다. 고학력 여성들이 고학력으로 인한 지식수준이 높아서 혹은 경제적 능력이 있어서 하향 선택 결혼에 대한 사회관습과 규범이 자리 잡은 것이 아니라, 그들을 바라보는 사회의 유교적 관습과 고정관념으로 인한 시선들이 그들의 결혼을 가로막고 있다는 생각을 반대로 해보아야 하는 것이 아닐까.

나의 윗 세대 여성 교수님들을 보면 부부가 교수이거나 아니면 그보다 나은 업종이나 전문직에 종사하는 배우자가 있거나 그것도 아니면 미혼인 여성 교수님들이 대부분이다. 그야말로 한국사회의 여성 고학력자에게 주어진 정형화된 틀이 그대로 투영된 거울이었다. 물론 고학력 여성의 숫자가 나의 세대와 비교하면 상대적으로 적었기 때문일 수도 있다. 2000년대 초반에 들어오면서 이공계 대학원으로 진학하는 여학생들의 수는 급속도로 늘어났다. 사랑하는 배우자를 만나서 결혼을 통해 가정을 꾸리는 지극히 평범한 행위를 마치 계급사회가 존재하는 것 마냥 상대를 상향 배우자와 하향 배우자로 분류해놓고 결혼하는 게 옳은 것일까?

샛노랑 표지의 《케미스트리Chemistry》라는 책을 읽은 적이 있다. 중국계 미국인 작가 웨이커 왕Weike Wang이 쓴 이 소설은 이민자로서 아메리칸드림을 자녀를 통해 이루길 원했던 부모와 적성에 맞지 않는 대학원 생활을 하는 딸이자 여자 친구이자 과학도인 주인공에 대한 이야기다. 과학도로서 사랑과 결혼에 대한 내적 갈등을 겪는 주인공의 모습이 인상적이어서 기억에 남는다. 소설 속 주인공은 남자 친구를 학교에서 만난다. 같은 전공의 남자 친구는 학위를 받고 다른 주에 있는 학교로 교수직을 찾아 떠난다. 함께 가겠냐는 그의 물음에 담긴 수많은 의미들을 더 많은 고민으로 채웠던 주인공은 남자 친구를 그냥 떠나보낸다. 그리고 과학을 사랑하고 실력이 뛰어난 동료와의 끊임없는 비교 끝에 대학원을 뛰쳐나온다. 그는 가장 친했던 의사 친구의 결혼과 출산 그리고 이혼을 간접적으로 경험하면서 자신의 꿈을 포기하고 남편을 따라 미국 땅까지 온 어머니의 삶을 이해하게 된다. 그리고, 옛 연인이 근무하는 학교 홈페이지에서 그의 사진을 찾아본다. 주인공은 두 여성 과학자의 결혼에 대해 이야기한다. 첫 번째는 '클라라 임머바르'와 '프리츠 하버'의 결혼이다. 클라라는 그녀의 학교에서 유일한 여성 박사학위 수여자였으며, 유능한 화학자였다. 프리츠의 간곡한 두 번의 프러포즈를 받아들인 그는 프리츠에 의해 '가정 주부'로 살아가길 강요demand당한다. 결혼 후에 참여했던 그의 연구는 조용한 협동quiet collaboration(내조)으로 치부되었다. 프리츠가 염소가스를 개발하고 1차 세계대전에서 살상 무기로 쓰이는 것을 안 클라라는 자살로 생을 마감한다.

두 번째 결혼은 '마리 스크워도프스카(마리 퀴리)'와 '피에르 퀴리'의 결혼이다. 여러 번의 구애 끝에 결혼하게 된 마리는 3년 동안 피에르와 함께 포로니움과 라듐을 발견하고, 8년째 되던 해에 노벨상을 수상하게 된다. 여성에게 노벨상을 수여한 적이 없던 노벨상위원회는 남편 피에르 퀴리만 수상 명단에 올렸다. 그러나, 피에르 퀴리의 요청demand으로 마리는 노벨상을 공동으로 수상하게 된다. 모든 결혼은 두 여성 과학자의 극과 극인 결혼 생활의 중간에 있다고 생각을 한 주인공이 떠나보냈던 과거의 남자친구에게 편지를 쓰는 것으로 이 소설은 끝을 맺는다.

이 두 여성 과학자의 결혼, 그 중심에는 상황에 따라 강요로 해석되기도 하고 요청으로 해석되기도 하는 디멘드라는 단어가 있다. 배우자를 억압하기 위한 강요인지 배우자를 존중하기 위한 요청인지에 따라 완전히 뜻이 바뀌는 그 단어 말이다. 여성 과학자의 결혼은 이 소설의 주인공이 이야기하듯이 그 중간 어디쯤일 것이다. 상향과 하향이 아닌, 그들이 끊임없이 공부하고 연구하고 경쟁하며 나아가야 하는 길에서 자신에게 어떤 형태의 디멘드가 있는 것인지 깨닫는 것, 그것이 본질일 것이다.

예전에는 여자가 가방끈이 길면 시집가기 힘들다고 했다. 불과 몇년 전에도 가정불화를 겪는 여성 과학자들을 입에 올리며 "그래서 똑똑한 여자는 혼자 살아야 해"라는 이야기도 들었다. 아이 둘을 질질 끌고 참석한 동문회에서는 "어느 분 와이프 되세요?"라는 소리도 들어봤다. 그 어느 누구도 그들의 결혼과 그들의 삶을 상향, 하향 혹은 독신으로 정의 내릴 수 없다. 이제는 여성 고학력자들을 향한 편견의 잣대를 좀 내려놓기를….

"나는 내가 존경할 수 있는 사람이 내 남편이 되었으면 좋겠어."

내가 서른되던 날, 생일 케이크를 앞에 두고 남편이 한 프러포즈에 펑펑 울면서 한 대답이었다. 나의 디멘드demand는 존경과 존중이었다. 남편의 디멘드는 성경에 나오는 현숙함이었다. 사전적 의미의 현숙함은 '어질고 정숙하다'이지만 히브리어 원어로는 '에쉐트 하얄אשת חיל'로 직역하면 '유능한 여인' 혹은 '야성 있는 여인'이란 뜻이란다. 남편이 히브리어의 뜻을 알고 있었는지는 의문이다.

엄마 되기

✦

큰아이를 낳기 전, 모든 것을 준비해 놓았다. 출산 후기는 백 건도 넘게 읽고 또 읽었다. 임신 6개월이 넘어가면서 출산 리스트를 만들었다. 물론 선배 산모들이 남긴 리스트를 토대로 필요한 물품과 제조사와 가격 비교를 시작했다. 예정일 2주 전에는 산후조리 음식까지 해서 냉동고에 차곡차곡 넣어 놓았다.

2012년 재미여성과학자협회 콘퍼런스가 있던 부활절 전날, 총무를 맡았던 나는 아침 일찍 행사장에 가서 준비를 하고, 참석하시는 분들의 접수를 돕고, 콘퍼런스가 끝난 후 정리까지 하고 집에 왔다. 그다음 날인 부활절 새벽 3시, 배가 살살 아파서 잠에서 깼다. 선배 산모들이 충고했듯이 진통 애플리케이션을 켜고 진통 간격을 재기 시작했다. 7에서 10분 간격으로 불규칙하게 오던 진통이 6분 간격이 되자 남편을 깨웠다. 미리 준비해 두었던 출산 가방을 들고, 아이스박스에 꽁꽁 언 미역국과 밥을 넣고, 초코파이 몇 개를 급하게 챙겨서 차에 탔다. 집에서 10분 거리의 병원을 가면서 남편에게 말했다.

“만약 아직 아니라고 집에 가라고 해도 화내지 마.” 병원 주차장에서 응급실 입구로 들어가면서 챙겨온 초코파이를 입에 구겨 넣었다.

미국 병원에서는 자궁이 3센티미터 이상 열리지 않으면 집으로 돌려보낸다는 후기를 너무 많이 본 터라, 집으로 돌려보내면 어쩌나 떨리는 마음으로 병원에 들어섰지만 열 시간 이상의 진통 후 큰 녀석이 태어났다. 아이가 태어나기 전 영국의 유명하다는 육아 전문가가 쓴 책을 시리즈로 읽었다. 공부를 하듯 육아를 예습했던 나는 큰아이가 태어나던 그날, 아기는 책대로 키울 수 없음을 깨달았다.

모유 수유를 하겠다니 간호사들은 아기를 내 방에 들여놨고, 밤새 두 시간마다 일어나서 나오지도 않는 모유를 물리느라 둘이서 진땀을 뺐다. 얼굴이 노랗게 된 아이를 보고 의사와 간호사는 황달 수치가 떨어지지 않으면 아기는 나와 함께 퇴원할 수 없을지도 모른다고 이야기했다. 모유를 자주 먹여야 황달 수치가 떨어진다는 말을 남기면서 말이다. 아기나 나나 자다 깨다를 반복하며 깨달은 게 있다면, 나에게 아이는 처음이고 아이도 엄마는 처음이라는 것이었다.

내 배 속에서 아홉 달을 한 몸으로 지내서 어쩌면 우리 둘은 서로를 잘 안다고 착각하고 있었는지 모른다. 임신 5개월째 초음파를 찍기 전에는 아기의 성별을 몰랐고, 성별을 알고 난 후에는 아이가 얼마나 크고 있는지 몰랐고, 얼굴이 어떻게 생겼는지, 머리카락은 무슨 색인 지도 몰랐다. 심지어 자궁에서 나온 핏덩이의 탯줄을 자르고 있는 남편에게 건넨 나의 첫마디는 '손가락 발가락 다 있어?'였다.

탯줄로 연결된 우리였지만 그렇게 나는 아기에 대해서 몰랐다. 아기도 마찬가지였겠지. 목소리와 숨소리, 심장소리는 들렸어도 거꾸로 생각해보면 배 속에서 나오기 전에는 엄마 얼굴을 본 적이 한 번도 없지 않은가?

젖이 안 돌아 깽깽거리는 아기를 품에 안고 이야기했다. "나도 엄마가 처음이야. 너도 엄마를 처음 보는 거지? 우리 같이 잘 해보자!" 그렇게 아기와 나의 적응하는 시간이 시작되었다. 퇴원하고 집에 와 어두운 방에서 보내는 시간은 그리 즐겁지만은 않았다. 그때는 몰랐는데, 지금 생각해보면 산후 우울증을 살짝 앓고 지나간 것 같다. 주말에는 늘 출장을 가서 남편이 없던 날, 아기를 보고 싶으시다던 시어머님은 젖을 먹이고 있는데 문을 열고 들어오셨다. 급하게 앞섶을 가리는 날 보고, '아기 밥통인데 어때?'라는 말 한마디를 남기고 문을 닫으셨다. 그간 우울했던 감정이 바닥을 치는 날이었다. 아기 젖을 먹이고 시부모님께 아기를 넘기고 나서 얼마나 울었는지 모른다. 그렇게 한참을 울고서도 밤늦게 집에 온 남편을 붙잡고 또 한참을 울었다.

내가 없어지는 느낌이랄까? 아기를 낳고 자궁이 수축되느라 배는 아프고, 변비는 심해지고, 잠은 못 자고 사람이 사람이 아닌 것 같았는데 시어머니의 말 한마디는 나의 정체성을 깡그리 무너트리는 말 같았다. 나는 아기의 엄마가 아닌 젖 주는 장치에 불과한가라는 생각에 그날 밤은 자다가도 울었던 기억이 난다.

계획을 세우고 계획대로 살아가는 것을 즐기는 내 삶은 아기와 함께 무너졌다. 아기를 안고 서로 적응해 보자고 했던 다짐에는 사실 '나의 계획에 네가 잘 적응 하렴'이라는 의미가 담겨 있었는지 모른다. 감정의 밑바닥을 헤집고 일어설 수 있었던 것은 나의 계획과 아이의 삶의 중간점을 찾는 것에 집중하면서였던 것 같다. 책과는 달리 아이의 뱃고래 늘리기에 실패해 온밤을 새우더라도, 아기 침대를 장만해두고도 잠결에 젖먹이느라 옆에 끼고 자는 일이 허다했어도, 정성 들여 만들어놓은 아기 장난감을 아이가 흥미 없어했을지라도 '그럴 수 있지. 너는 그렇구나'라고 인정하고 지나가는 시간들이 늘어나기 시작했다.

첫째의 두 번째 생일이 지나고, 예정일보다 3주 빠르게 둘째가 나왔다. 새벽 출근하는 길에 느낌이 이상했는데, 아직 3주나 예정일이 남았고, 무엇보다 그날은 동료에게 실험하는 법을 트레이닝시켜 주는 날이었기 때문에 무작정 집을 나섰다. 키가 큰 일본인 동료는 내 뒤를 졸졸 따라오면서 질문을 이어갔고, 기계에 시료를 넣고 나니 긴장이 풀리기 시작했다. 뭔가 새는 느낌에 인터넷을 찾아보니 양수인지 아닌지 확인할 방법이 폐하를 측정하는 것이란다. 실험실에서 간단하게 폐하를 측정할 수 있는 스트립 하나를 화장실로 들고 가 확인했다. 양수는 약알칼리성이고 소변은 평균적으로 5.5~6.5 사이의 약산성이다. 스트립을 확인한 결과 알칼리성. 자리에 없는 보스에게 급하게 이메일을 보냈다. "나 양수가 터진 것 같아서. 아기 낳으러 가"라는 짧은 이메일을 보내고 기계에 돌아가는 실험은 결과가 나오면 파일을 이메일로 보내라는 말을 남기고 연구소를 나섰다. 주차장으로 가는 길에

왈칵하는 느낌이 들기 시작했다. '진짜 터졌구나.'

급하게 운전대를 잡고 남편에게 전화를 걸어 병원 갈 준비를 하라고 했다. 연구소에서 집까지는 차로 35분 거리인데, 고속도로 한가운데서 진통이 오기 시작했다. 한 번 아이를 낳아봤다고 2주 전에 준비하면 충분할 것이라 여긴 내 생각은 오산이었고, 미역국은커녕 출산 가방도 제대로 싸놓지 못한 채 부랴부랴 옷가지와 아기 옷만 챙기고 큰 녀석에게는 아기랑 같이 좀 이따가 만나자며 병원으로 향했다. 밤 여덟 시가 되어서야 배 속에서 나온 둘째 녀석과의 만남은 계획과는 완전히 다르게 시작되었고, 그날 저녁은 미역국 대신 아메리칸 스타일로 웬디스 햄버거를 먹었다.

두 번째는 좀 쉽지 않을까 생각했다. 첫출발부터 서프라이즈했던 녀석은 첫째와는 완전히 다른 성향을 가진 녀석이라는 것을 그리 머지않아 깨달았다. 모유가 잘 나오지 않아 유축기를 더 많이 돌려가면서 한 방울씩 모아놓은 귀중한 모유를 발견한 큰 녀석은 어느새 냉장고에서 젖병을 꺼내 자신의 입에 넣고 울었다. 둘째가 유축해놓은 모유를 먹는 모습을 보고 자신도 먹고 싶었나 보다. 이미 젖병 빠는 법을 잊어버린 녀석은 잘 나오지 않는 젖병을 손에 들고 대성통곡을 했다. 큰 녀석과 나, 작은 녀석과 나, 그리고 두 녀석 사이의 줄다리기는 첫째 때 익혀놓은 육아의 감각들을 다시 조립하는 시간이었다.

이 글을 쓰고 있는 이 순간에도, 8살과 6살이 된 두 녀석은 치열하게 싸우고 있지만 5분만 지나면 뜨겁게 포옹하며 화해하리라는 것을 안다. 어쩌면 이렇게 아이들을 이해하는 시기는 아주 잠깐일지도 모르겠다. 머리가 자라고 각자의 인격이 형성되는 아이들의 삶에 있어서 앞으로 몇 번의 파도가 몰려들지 가늠하기 힘들다. 아이를 키우는 삶은 그렇게 끊임없이 서로를 알고 적응하고 이해하는 시간이 반복되는 삶이다. 그 삶에 푹푹 남김없이 퍼줄 수 있는 사랑이 넘치는 엄마가 되었으면 좋겠다.

첫 번째 미션_모유 수유

✦

큰아이를 낳고 나서 출근 시간이 바뀌었다. 공식적으로 여덟 시간만 근무하면 되는 환경이다 보니 새벽 6시부터 오후 2시 반까지 근무한다. 새벽에 자는 아기에게 젖을 한 번 물리고 출근을 했다. 새벽 출근의 장점이라면 교통체증이 없다는 것이고 단점이라면 간밤에 잠을 충분히 자지 못해서 졸음운전을 한다는 것이다. 주로 하는 실험들은 시간을 잘 맞춰야 대여섯 시간 안에 끝낼 수 있는 것들이라 출근해 가방을 내려놓자마자 실험실로 향한다.

한 시간 간격으로 배양시켜야 하는 실험을 할 경우, 타이머를 맞춰 두고 모유 생산을 촉진한다는 '모유촉진차Mother's Milk Tea' 한 잔을 우려서 책상에 앉는다. 연구실 문에는 세로로 긴 작은 유리가 있는데, 종이 파일 2개를 연결해 유리를 가리도록 문에 단단히 붙여두고 유축 준비를 한다. 큰아이를 낳고 첫 출근 하던 날은 전화기의 아이 사진을 보기만 해도 눈물이 그렁그렁했다.

미국은 2020년 처음으로 정부에서 출산 휴가를 인정했다. 그전까지는 법으로 출산 휴가가 없는 몇 안 되는 나라 중 하나였다. 출산 휴가 제도가 생기기 전 두 아이를 낳은 나는 아이를 낳을 때마다 내게 주어지는 휴가 일수와 월차 480시간을 고이 모아서 12주의 휴가를 내어 아이를 낳고 산후조리를 했다. 내내 둘이 딱 붙어 있어서 그랬는지 엄마가 출근을 하는 것을 용케 알고, 새벽에 잠에서 깨 다시 잠이 들지 않는 녀석을 남편 배 위에 안겨두고 겨우 출근했다. 호르몬이라는 것은 참 신기해서 아기 사진을 보면서 유축기를 돌릴 때면 짠한 마음이 들고 가슴이 찡하면서 모유가 더 나올 때도 있었다. 처음엔 아이를 그리워하는 마음으로 유축을 했는데, 시간이 지나니 유축을 하면서 이메일 체크를 하거나 새벽 운전이 유난히 힘들었던 날은 고개를 뒤로 젖히고 자는 날도 있었다.

다른 사람들 출근하기 전에 유축을 한 번 해놓으면 다음 유축 시간에는 눈치가 좀 덜 보인다. 연구소에는 몇몇 건물에 유축할 수 있는 방이 따로 마련되어 있다. 시설이 대단한 것은 아니고, 편한 의자와 어두운 조명, 싱크대가 있고, 다른 사람들이 유축하는 동안 들어올 수 없도록 인터넷으로 예약을 하고 사용할 수 있다. 나는 연구실을 혼자 사용해서 연구실 문에 파일 붙이고 유축하면 되지만, 개방된 공간인 큐비클을 사용하는 이들은 예약하고 수유실을 사용하거나, 미팅이나 세미나 등으로 예약이 쉽지 않을 경우 심지어 화장실에서 유축하는 사람들도 있었다. 하루에 두 번 유축하는 시간과 수유실을 오가는 동안 자리를 비우는 것을 직장 내에서 가끔은 삐딱하게 받아들이는 사람들이 있다. 내가 아이를 낳기 전까지는 화장실에서까지 유축하는 걸 이해를 못 했었는데, 아이를 낳고 나니 그 상황과 기분과 몸 상태가 이해됐다. 우리 팀의 K와 옆 팀의 P에게도 급할 때는 내 연구실을 쓰라고 일러두었다. 내가 실험실에 가 있는 20분 동안만 내 연구실을 빌려줘도 그들은 편하게 유축을 할 수 있을 테니 말이다.

내가 연구하는 바이러스가 아기들 설사병을 일으키는 바이러스이다 보니, 실험하는 과정에서 바이러스를 다루는 날은 유축하는 날도 신경이 쓰인다. 실험실에서 나올 때 씻은 손을 또 씻고, 목에 대롱대롱 걸려 있는 신분증도 항균 티슈로 꼼꼼하게 닦아준다. 가끔 우리 팀 K는 자신의 신분증을 UV(자외선) 램프 아래 두고 소독을 했다. 유축하는 시간은 짧게는 20분에서 길게는 40분이 걸릴 때도 있다. 그렇게 치면 하루에 일하는 시간 동안 두 번을 유축하면 한 시간 반이란 시간을 유축에 오롯이 쏟는 것이다. 그래서, 오후 유축은 점심시간을 이용한다. 점심을 데워놓고, 유축 준비를 하고 손에는 핸드폰을 장착하고 유축을 시작한다. 보며, 먹으며, 유축하는 멀티태스킹을 실현하는 시간이다. 이렇게 하루 두 번 유축한 모유는 다음 날 내가 일하는 동안 아이가 먹을 아침과 점심이 된다.

가방에 노트북과 서류, 논문을 가득 넣고, 도시락 가방을 챙겨 들고 어깨에 유축기 가방을 둘러메고 출퇴근을 하는 모습을 상상해보라. 지금도 가끔 출퇴근 시간에 검은색 유축기 가방을 들고 다니는 사람이 보이면 그렇게 안쓰러울 수가 없다. 어떨 때는 기껏 유축한 모유를 뚜껑을 닫다가 홀랑 책상에 쏟아버린 적도 있고, 유축하고 바로 냉장고에 넣어놨어야 했는데 실험한다고 급하게 가는 바람에 실온에 방치해 다 버려야 했던 적도 있었다. 일이 바빠서 제대로 유축을 못한 날에는 모유가 꽉 차 가슴이 아파서 눈물을 흘리며 유축을 한 적도 있었다.

왜 그렇게 모유에 집착했을까? 아마 모든 엄마들이 마찬가지였을 것이다. 모유가 좋다니까. 아기들 성장에 맞게 필요한 영양분이 있는 것이 모유니까. 그런데 이 모유는 아기를 낳은 모든 엄마에게 해당하는 것은 아니더라는 것이다. 첫째는 유축기와 싸워가면서 모유량을 늘렸고, 이유식을 시작하고 9개월까지 모유 수유를 했다. 그다음부터는 도저히 체력이 안돼서 못하겠다는 생각이 들었다. 모유 수유를 그만하자니 모유를 말리는 것도 쉽지 않은 일이었다. 모유를 말릴 수 있다는 양배추를 가슴에 붙이는 민간요법을 쓰던 나도, 품에 안기면 젖을 찾으며 우는 아이도 고통스러운 시간이었다. 둘째 때는 노력을 할 시간도 많지가 않았고, 유축을 해도 다음 날 아기의 두 끼는커녕 한 끼를 간신히 소화할 만큼만 나왔다. 공평하게 9개월까지 채워서 먹인 후 아무 노력 없이 모유가 말라버렸다.

아이를 낳고 일을 하면서 모유 수유를 못하면 죄책감을 가지는 이들을 많이 보았고, 주변에서 가족들이 산모에게 모유로 인한 죄책감을 지우는 것도 많이 보았다. 아기와 엄마가 서로 건강하게 윈-윈 하는 것이 모유 수유이지, 모유 수유를 통해서 엄마의 육체적 정신적 건강이 쇠약해진다면 안 하는 게 맞다고 생각한다. 어디에도 정답은 없다. 9개월을 한 모유 수유지만, 그렇게 노력을 했어도 아기가 먹는 양을 따라가지 못해 혼합 수유를 해야만 했다.

나는 포닥 초기에 모유로 실험을 했다. 그래서 모유가 얼마나 많은 면역물질들을 가지고 있는지 충분히 안다. 그럼에도 모유 수유 앞에서 나의 과학적 지식은 그다지 쓸모가 없었다.

또 다른 가족여행

✦

2015년 여름, 스코틀랜드 에든버러로 떠났다. 2년에 한 번 열리는 '장질환 백신Vaccine for Enteric Disease' 학회가 에든버러 왕립 의과대학에서 열렸기 때문이었다. 나에겐 마치 해리포터에 나오는 축축하고 어둑한 날씨의 에든버러가 기억에 남아 있다.

아빠는 밀레니엄 기념 가족여행을 계획하고 적금을 들었다. 2000년 여름 우리 가족은 광화문의 영국 문화원을 들락거리며 가족 여행 계획을 짰다. 전국을 잘도 돌아다녔던 우리 식구는 수년 만에 꽤 긴 여행을, 그것도 첫 가족 해외 여행을 떠났던 것이다. 구글지도가 없던 시절, 영국 여행책과 각 지역별 지도, 런던 시내 전철 노선과 기차노선표까지 온갖 서류는 아빠의 배낭에 들어 있었다. 런던부터 시작해 브리스톨, 버밍엄, 웨일스의 수도 카디프 그리고 스코틀랜드 수도인 에든버러까지 들렀다 다시 런던으로 오는 열흘간의 일정이었다. 유명 관광지 외의 여행지는 감리교 목사인 아빠와 감리교 신학대학 재학중이던 동생에게 맞춘 감리교 창시자인 존 웨슬레의 흔적을 찾아다니는 것이었다. 박물관을 좋아하는 날 위한 대영박물관, 브리스톨의 바닷바람, 카디프성의 공작새는 아직도 생생하다. 레스토랑을 들어가서 음식을 시킬 줄도 몰랐던 촌스러웠던 우리는 B&B에서 아침밥을 점심과 저녁은 맥도날드와 버거킹을 번갈아가며 열흘을 버텼다. 아! 중간에 피시앤칩스도 한 번 먹었다. 에든버러가 유독 기억에 남는 건 축축하고 어두웠던 그날, 어둑해질 무렵 눈 앞에서 기차를 놓쳤기 때문이다. 야간 열차를 타고 런던으로 돌아가려던 계획은 틀어졌고, 에든버러 역사에 철퍼덕 앉아 기차 시간표만 뚫어지게 바라봤다. 결국 한 번에 런던으로 가는 기차가 아닌 밤 12시경에 출발해 두 군데서 기차를 갈아타는 방법을 찾았다. 말도 안 통하는 땅에서 걱정 반, 무서움 반의 마음을 차마 꺼내놓지 못한 채, 우리는 기차 플랫폼에 앉아 3.6.9 게임을 했다. 다음 기차를 기다리고 타고, 내려서 또 기다리고 타고를 반복하면서 혹여나 내리는 역을 지나칠까 서로 선잠을 자며 런던에 도착했던 그날. 우리는 아침으로 맥도날드 맥모닝을 먹었다.

학회를 핑계삼아 다시 찾은 에든버러는 15년 전의 기억을 다시금 꺼내보는 시간이었다. 학회의 형편없는 식사 때문에 학회에 참석한 사람들과 우르르 밖으로 나가 인도 음식을 먹었고, 스코틀랜드 전통 레스토랑에 들어가 송아지 내장요리인 해기스를 먹었다. 학회일정을 마치고 뉘엿 뉘엿 지는 해를 보며 걷던 거리에서 15년 전 사진을 찍었던 흄 동상을 발견했다. 싸늘한 바람과 먹구름을 등지고 엄마와 끌어안고 사진을 찍었던 에든버러성에서는 동료와 함께 사진을 찍었다. 기념품 가게에 들어가 동생과 함께 쓰고 사진만 찍었던 그 때와 같은 색깔의 스코틀랜드 타

르탄 무늬 모자를 샀다. 그 사진만 볼 때면 엄마가 비싸서 못 사줬던 이야기를 꺼내곤 했는데, 이젠 나의 아이들에게 나와 동생이 그랬던 것처럼 똑같이 씌워볼 요량이다. 역 근처의 맥도날드가 아닌 번화가의 펍에 들어가 속이 안 좋아 밥도 못 먹는 동료를 앞에 앉혀놓고 밤 늦게까지 수다를 떨었다. 예전 그대로 시간이 멈춘 것 같은 도시에서 15년의 세월 동안 달라진 나를 발견했다.

한국을 오랫동안 떠나 있던 내게 한국의 가족을 그리고 그들과 함께 했던 시간을 그리워하게 만들었던 도시. 엄마가 몰래 보여줬던 아빠의 여행 감상기에는 암스테르담 공항에서 환승 게이트를 찾아 앞장섰던 나의 모습이 있었다. 아빠는 그 모습을 '통통 튄다'는 표현으로 묘사했다. 비행기표를 들거나 지도를 들고 앞장서 길을 찾고 묻고 하던 내 모습을 아빠는 여행 내내 뒤에서 지켜보았다. 항상 부모의 손을 잡고 이끌려 여행을 가던 모습은 시간이 지나면서 내가 앞장서는 여행이 되었다. 나의 약혼식차 미국을 방문했던 부모님과 동생을 작은 소형차에 태우고 우리 네 식구만의 마지막 여행을 했다. 여행 루트도 혼자 짜고, 호텔 예약도 내 이름으로 했다. 예전에 아빠가 그랬던 것처럼 종이에 여행지와 호텔 정보들을 프린트 했다. 아빠가 그 여행의 여행기를 남겼는지는 모르겠다. 그러나 가끔 엄마가 툭툭 던지는 '아빠가 그때 여행이 기억에 많이 남나 봐'라는 말을 들을 때면 오묘한 마음이 든다.

여행지를 정하고, 계획을 짜던 아빠의 일을, 늘 문 앞에 여행에 필요한 짐과 먹을 것을 챙겨놓아 주시던 엄마의 일을 지금은 내가 하고 있다. 하루에 짧게는 다섯 시간 길게는 열 시간이 넘는 로드트립은 이제는 아이들과 함께 하는 또 다른 네 식구의 여행이 되었다. 언젠가는 내가 그랬듯 우리 아이들이 운전석에 앉아 함께 로드트립을 가는 날이 오겠지.

이제는 네 식구가 아닌 열 식구가 되었다. 몇 년 전 나는 영상으로만 보던 두 돌이 넘은 조카를 처음봤다. 애틀랜타 공항 환승장에서 상봉한 열 식구는 뛰어다니는 아이들만 넷이라 정신이 없었다. 그렇게 열 식구가 완전체로 처음으로 여행을 떠났다. 길을 찾아 헤매지도 여행 계획을 세우느나 머리를 싸매지도 않았다. 멕시코의 뜨거운 태양과 바닷바람을 맞으며 그냥 쉬고, 그냥 먹고, 그냥 놀았던 여행을 했다. 늘 열심히 무언가를 찾고, 보고, 돌아다니던 우리 네 식구의 여행은 열 명이 되니 이렇게 변했다.

그 이후, 열 식구 완전체는 3년에 한 번은 다같이 가는 휴양 여행을 가자고 다짐했다. 아쉽게도 그 후 4년이 지났지만 하와이에서 만나자고 했던 우리는 코로나 때문에 여행을 실행에 옮기지 못했다. 영상으로 목소리를 듣고 얼굴을 볼 수 있는 세상이 되었어도, 하루가 다르게 커가는 조카들의 얼굴과 겉모습이 조금씩 변해가는 부모님들의 모습에 마음이 아리다.

엄마랑 학회 가자

✦

큰아이 임신 초기에 프랑스 칸으로 학회를 다녀왔다. 생각보다 힘들게 가진 아이였기 때문에 만사를 걱정하고 조심했던 시기였는데, 의사에게 학회에 가도 될지 물으니 쿨하게 "왜 안 되죠?"라는 대답을 주었다. 압박 양말을 준비하고, 입덧하느라 한창 힘들었던 시기라, 평소 같으면 현지 음식에 100퍼센트 적응하던 나는 컵라면 몇 개를 가방에 쑤셔 넣었다.

임신 후 동료들은 나를 홀로 남겨두고 학회를 여러 번 다녀왔다. 남들 다 가는 학회를 못 가는 게 왜 그리 서럽던지…. 연구소에서는 매년 연말이면 직원들을 대상으로 업적 평가를 한다. 논문도 중요하지만, 학회에서 발표한 이력도 성과에 반영된다. 임신하고 아이 낳느라 논문도 제대로 못 쓰고 학회도 못 갔던 것이 업적 평가의 시간이 다가오니 마음에 걸렸다. 생후 8개월이던 아이는 아직 모유 수유를 하는 기간이었고, 학회는 다행히 비행기로 두 시간 거리인 푸에르토리코에서 개최 예정이었다. 결국 남편은 나의 학회 동행을 위해 일주일 휴가를 내었다. 말이 휴가이지 학생들을 가르치는 일은 수업을 빼면 수입이 그만큼 줄어드는 것이다. 말하자면 일주일 치 남편의 수입과 맞바꾼 학회였다. 호텔과 내 비행기표는 출장비로 나오니 남편 비행기표만 마일리지로 구입하고, 아직 8개월인 아이는 아빠 무릎에 앉아 처음으로 엄마 학회에 동행하게 되었다.

푸에르토리코의 날씨는 덥고 습하다. 창문을 열면 더 습한 바닷바람이 밀려왔다. 아침을 안 먹는 남편을 두고 아기를 유모차에 태우고 아침을 먹으러 갔다. 다행히 나만 아기를 데리고 온 건 아니었다. 서너 커플이 아기를 데리고 아침을 먹고 있는 걸 보니 좀 위안이 되었다. 제일 친했던 마카오 출신 친구는 나와 교대로 아기를 보며 아침을 먹었다. 호텔방에 돌아와 모유 수유를 하고 남편에게 아기를 맡기고 학회장으로 갔다. 학회장과 우리가 묵는 방이 멀지 않아 커피 브레이크 때 다시 가서 이유식을 남편 손에 쥐여주고 돌아왔다. 점심시간에는 다시 방에 들러 수유를 하고 남편과 간단하게 점심을 때웠다. 오후 세션이 끝나고 방에 가려고 수영장 앞을 지나는데 남편과 아이가 수영복을 입고 벤치에 누워 있었다. 남편은 한껏 들뜬 목소리로 아이의 첫 수영을 담은 영상을 보여주었다. 3박 4일의 짧은 일정이었는데, 2박 3일 동안 아이만 보던 남편을 위해 마지막 날은 남편에게 휴가를 주었다. 스노클링을 좋아하는 남편은 홀로 스노클링을 하러 갔고 마지막 날이라 세션이 많지 않던 그날은 아기와 함께 학회장에 들어갔다.

아이가 유모차에 앉아 새근새근 잠든 틈을 타 학회장에 들어가니 학회장 뒤편에 아침 식사 시간에 보았던 아기들이 유모차에 나란히 누워 잠을 자고 있었다. 나중에 이야기를 들어보니 한 사람은 부부가 같은 실험실에서 일하고 있어서 아기를 데려왔다고 하고, 다른 사람은 남편과 비슷한 분야에 있어서 남편을 따라서 왔다고 이야기했다. 마지막 날 저녁에는 네트워킹을 위한 만찬이 있었다. 학회 규모가 크지 않고 특정 바이러스를 연구하는 사람들이 오는 학회라 네트워킹이 잘되어 있었고, 소위 유명하다는 분들이 직접 테이블들을 돌면서 참가한 사람들과 인사하는 모습이 인상적이었다. 그 자리에서 큰아이는 내가 연구하는 바이러스의 대가와 기념사진을 찍었고, 우리 아이를 안고 돌아다니던 보스는 오랜 친구들한테 'J 박사! 늦둥이 낳았어?'라는 소리를 듣고 다녔다.

만찬 시간에는 아기들뿐만 아닌 초등학생 정도의 아이들을 데려온 사람들도 눈에 띄었다. 사실 처음 학회 신청을 할 때 '베이비시터 신청 가능'이라는 안내가 있어서 궁금했는데, 학회 측에서 5세 이상의 아이들을 돌볼 수 있는 베이비시터를 연결해주는 서비스를 해준 것이었다. 부모가 학회장에서 발표하고 공부하는 동안 베이비시터들이 아이들을 돌보고 있었던 것이었다. 스노클링을 갔던 남편은 둘이 하면 등에 화상을 입을 정도로 신나서 하던 스노클링이 혼자서 하니 재미가 없더라면서 호텔로 돌아왔다.

모유 수유를 하는 시간을 제외하고 낮 동안에는 껌딱지처럼 아빠와 붙어 있던 녀석은 '아빠' 소리를 곧잘 했고, 생애 처음 밟아보는 모래에 놀라 대성통곡을 하길래 해먹에 누워 낮잠 자는 남편의 배 위에 얹어주니 둘은 깊은 잠에 빠져버렸다.

이 학회를 마지막으로 남편과 아이는 다시는 나의 학회에 따라가지 않는다. 이제는 학회에 갈 때면 두 아이의 일주일 치 옷을 챙겨 메모를 붙여두고, 아이들을 무릎에 앉혀 손톱 발톱을 가지런히 깎아주는 것이 일상이 되었다. 어떤 사람들은 배우자가 학회에 따라가면 놀다 오는 거 아니냐고 비꼬는 사람들이 있을지 모른다. 그러나, 아이와 부부가 함께하는 학회는 학회에 참석하는 배우자를 위해 다른 배우자가 전적으로 아이를 돌보는 희생이 따르는 일이다. 만약 모유 수유하는 나와 아이를 위해 남편이 따라나서지 않았다면 나는 학회에 참석할 수 없었을 것이다. 나처럼 특정 바이러스를 연구하는 사람들의 세계는 생각보다 닫혀 있다. 경력 초기의 연구자들은 자주 얼굴을 비추고 논문을 언급하고, 연구에 대해 대화하는 시간을 통해 '아! 우리 다음 연구를 같이해보는 게 어떨까?'라며 명함을 주고받는다. 닫힌 네트워크 안에 들어가는 기회는 얼굴과 얼굴을 맞대고 자유롭게 이야기할 수 있는 학회장인 경우 그 담이 낮다.

작년부터 내가 평생회원으로 있는 미국 바이러스학회에서 '돌봄 서비스'를 시작했다. 학회장 근처의 유치원을 일주일 정도 빌려서 아이를 맡겨야 하는 사람들이 자가 부담하는 시스템을 우선적으로 시행했다. 생각보다 이 서비스에 대한 문의도 많고 호응도 좋아지자 작년 학회가 끝난 뒤 학회 측에서는 설문 조사를 시작했고, 올해부터는 평생회원들과 기업체의 후원을 받아 박사과정 혹은 박사 후 연구원 같은 경제적 지원이 필요하거나 경력 초기 연구자들에게 무료로 지원을 해주는 프로그램으로 정착하려고 노력하고 있다. 아이를 키우는 건 과학자에게도 쉬운 일이 아니다. 학회를 통해 연구자들에게 필요한 기회들이 육아로 인해 줄어드는 문제를 인식하고 학계와 그 학회 일원들이 조금씩 나누고 이해하고 지원하여 함께 걸어가는 시스템을 만드는 것이 중요하다.

정신적 안정을 위해서나 경력을 위해서나 꼭 나에게 학회가 필요했던 그 시기에 함께 따라나서 주었던 남편과 아이에게 고맙다. 미지근한 바닷바람이 밀려오던 날, 푸에르토리코 해변에서 낮잠 자던 부자의 모습이 오래 기억되는 이유다.

한국과 미국 그 사이 어디쯤

✦

큰 아이에게 킨더가든에 들어가면서 가장 크게 변한 게 무엇이냐고 물은 적이 있다. 미취학 아동부터 5학년까지 한 건물에 있다 보니 선생님들은 아이들에게 '규칙'을 엄하게 가르쳤다. 안전 규칙과 교실과 식당에서 지켜야 할 규칙들이 많다 보니 자신의 주장이 강하고 자유로운 영혼이었던 큰아이는 힘이 들었단다.

또 한 가지 달라진 점은 아침 조회란다. 한국에서 내가 경험한 운동장으로 우르르 나가 서서 하던 조회는 아니지만 온라인으로 교장 선생님과 국기에 대한 맹세The Pledge of Allegiance를 하고 생일인 학생들을 교장실에 불러 축하해주는 일을 매일 아침 한다고 한다.

학교 다니는 시간이 늘어나고 미국 역사에 대해 배우는 시간들이 늘어나더니 큰아이에게 눈에 띄게 달라지는 것이 있었다. 바로 언어였다. 나는 계속 한국말을 하는데 큰아이는 영어로 대답을 한다. 말끝마다 '한국말로 해!'라고 반복하다 지쳐, 어느새인가 아들과 나는 서로 다른 언어로 말하고 알아듣는 기이한 대화를 하는 일이 벌어졌다.

한국어를 쓰게 하려고 노력하다 내가 한 말은 '너는 한국 사람이니까 한국말을 해야 하는 거야'였다. 그 말을 듣고 아이는 소스라치게 놀라며 말했다.

"엄마, 나 미국 사람이야."

"어? 어 맞아. 너 미국 사람인데, 한국 사람처럼 생겼으니까 코리안-아메리칸이야."

"엄마! 그런 게 어딨어? 나는 미국 사람이야. 한국 사람 아니야!"

내가 영주권을 가지고 있을 때 태어난 이 아이는 한국의 속인주의 국적법에 따라 우리 집 유일한 한국 국적자이다. 자신은 한국 사람이 아니고 미국 사람이라고 내뱉는 말이 나에게 충격으로 다가왔다. 설날이나 추석보다, 추수감사절이나 크리스마스가 온 가족이 함께 모이는 큰 명절이고, 현충일 대신 메모리얼 데이를 광복절 대신 인디펜던스 데이를 가슴에 새기는 아이가 되었다. 내 배 아파서 나온 아이는 다른 땅에서 태어나 자라며 겉모습은 한국인이나 미국인으로 자라고 있는 것이었다.

한번은 플로리다로 가족 여행을 갔는데 수영장에서 만난 어떤 할아버지가 아이에게 물었다.

"어디서 왔니?"

"조지아에서 왔어요"

"조지아 말고 원래 어디서 왔냐고?"

그 대화에서 할아버지의 "원래 어디서"라는 말의 의미를 나는 알고 있었다. 아시안이 거의 없는 동네에 나타난 아시안 가족에게 "원래 어디서 왔냐?"는 말은 어느 나라에서 왔냐는 말이다. 고등학교 때 이민 온 남편이나 나 같은 경우에는 "원래는 한국에서 왔고, 지금은 조지아에 살아"라고 대답했을 것이다. 태어나서 한국을 두 번밖에 가보지 않은 큰아이에게 "원래 어디서"라는 말은 이해되지 않는 말일 수도, 요즘은 인종차별이 되는 말일 수도 있다.

둘째는 4살 프리스쿨에 가기 전까지 집에서만 지냈는데, 형이랑은 영어로 대화하고 나와는 한국어로 대화하는 태생적 이중언어자가 되어 있었다. 한국어를 읽고 쓰고 말할 줄은 알지만 편하지가 않으니 한국어만 사용하는 조부모와의 대화는 줄어들었다. 남편은 방학이면 아이들이 아침시간에 시어머니와 함께 한글 공부를 할 수 있도록 아이들의 시간표를 짜주었다. 한국말로만 대화하고 한국어로 성경을 읽고 받아쓰기를 하는 시간으로 오전을 채운다. 큰아이의 한국어 발음은 애니메이션에 나오는 인물들처럼 어색한 대화체를 쓰지만 조잘조잘 나와 떠들기를 좋아하는 둘째 녀석의 발음은 그나마 좀 자연스럽다.

2년에 한 번, 아이들 학교에서는 '인터내셔널 데이'를 개최한다. 한국 사람들이 학교에 거의 없어서 한국도 참여하는지 의문이었는데, 다행히 예닐곱 가정이 모여서 인터내셔널 데이 준비를 했다. 태극기를 프린트해서 직접 색칠하고 만들어서 갈 수 있게도 하고, 방문하는 학생들의 이름을 한글로 써서 붙여주기도 하고, K-pop 가수들의 뮤직비디오를 틀어놓고, 우리 아들들 돌잔치 때 썼던 돌상을 이쁘게 차려놓고 사진도 찍을 수 있게 포토월도 만들었다. 한국 과자들과 간식들을 차려놓고, 한복 입은 엄마들은 방문한 사람들에게 미니 김밥 만들기 체험도 도왔다. 불편하다고 안 입겠다는 한복을 아이들에게 입혀놓고 정신없이 세 시간을 보내고 나니 친구들에게 열심히 한국에 대해서 설명하던 큰 녀석이 조금씩 변하기 시작했다. 그 무렵 세계 지도와 지구본을 들고 다니며 나라 이름과 수도 이름을 외우던 녀석은 영상에서 순식간에 지나가는 'South Korea'라는 말에도 반갑게 눈을 똥그랗게 뜨는 것을 목격했다.

언어를 알면 문화가 보이고 그 나라에 대한 애착이 가는 것은 당연한 것 같다. 한국어 교육을 시키겠다고 로봇들이 나오는 한국 애니메이션을 자주 보여줬다. 뽀로로를 특히 좋아했는데 한국의 인기 캐릭터인 펭수를 만난 이후엔 아이들은 뽀로로에게 작별 인사를 했다.

큰아이는 같은 반의 한국인 친구도 사귀었다. 영재반 수업도 함께 듣는 친구인데 한국말을 곧잘 하는 이 친구와 베프가 된 아이는 학교에서 한국어로 둘만의 비밀 이야기와 농담을 주고받는단다. 앞집의 네팔 출신 가정의 친구 집이나, 골목 끝 백인 친구 집에 놀러 갔던 녀석이 저녁을 먹고 갈 거냐는 친구 엄마들의 말에 '나는 한국 사람이라서 한국 음식만 먹는다'라는 대답을 했더란다. 부대찌개와 라면을 제일 좋아하는 이 녀석의 먹성은 딱 한국인이지만 그렇다고 매일 한국음식만 먹는 것도 아닌데 친구 엄마들에게 그 이야기를 전해 듣고 기가 막힐 노릇이었다. 자신은 미국 사람이라고 당당하게 이야기하던 아이는 그렇게 점점 변해갔다.

큰아이가 자라는 것을 보면서 시시각각 묘한 감정의 파도를 타는 내 모습을 보게 된다. 한국에서 태어나 한국에서 30년 가까이 살았던 내가 미국이라는 땅에서 그 절반인 15년 가까이 살면서 생각과 삶이 어떻게 변했나 뒤돌아보게 된다. 나는 아직도 한국어로 이야기하는 것이 편하고, 한국어로 글을 쓰는 게 좋고, 한국어로 된 책을 읽을 때 더 큰 감동을 받는다. 연구소에서 오랫동안 보아온 사람들과의 일상적인 대화 말고는 정치나 경제 이슈를 듣는 귀는 한국을 향하고 있고 미국인 친구보다 같은 언어와 비슷한 환경에서 비롯된 사고방식을 가지고 비슷한 문제를 고민하는 페이스북 친구들이 더 많다.

그렇게 한국도 미국도 아닌 그 중간 어디쯤의 정체성을 가지고 살고 있는 내 모습을 보면서, 혹여나 여기서 태어나고 자란 내 아이들도 그 어디 중간쯤의 정체성을 가지고 살면 어쩌나 하는 염려가 앞선다. 그 어디 중간쯤… 아마 한국을 떠난 모든 이들의 마음 한 켠에 있는, 생각만으로도 울컥하는 그런 마음일 게다.

엄마는 어떻게 좋은 엄마 되는 법을 배웠어?

✦

"엄마는 어떻게 좋은 엄마 되는 법을 배웠어?"

큰아이가 불쑥 이런 말을 건넸다. 심장이 터질 듯이 다가온 그 한 마디를 고새 둘째가 배워서 가끔 자기가 좋아하는 음식을 해줄 때나 과학놀이를 해줄 때면 영혼을 한 스푼 정도만 담아서 내게 이야기하곤 한다.

"엄마 되는 법을 배운 적은 없는데…"라고 말끝을 흐리곤 아이의 그 물음을 오래 두고두고 생각했었다.

"한국 할머니한테 배운 것 같은데… 한국 할머니가 엄마한테 좋은 엄마였으니까…."

"그럼 한국 할머니는 누구한테 배운 거야?"

"한국 할머니의 엄마, 왕할머니한테 배웠겠지?"

그러고 보면 이 세상에 태어나는 모든 사람이 '부모 되기'를 타고나지는 않는다. 여성 또한 '아내 되기' '며느리 되기' '엄마 되기'를 선천적이거나 유전적이거나 운명적으로 타고나지 않는다. 그렇다고 현대의 초중고 교육과정과 대학교육을 통해서도 여성들의 '여성성'이라는 단어 앞에 놓여 있는 '아내, 며느리, 엄마'에 대해서 배운 적은 없는 것 같다.

어릴 적 명절 때면 의정부 할머니 댁에 갔던 기억이 난다. 명절 전날이면 엄마는 나와 동생을 데리고 시장을 한 바퀴 돌고, 제사도 드리지 않는 집안인데 전이며 잡채며 명절 음식들을 좁은 부엌 냄새나는 가스 곤로 앞에 쭈그리고 앉아서 만들어냈다. 그 옆에 앉아서 종알거리다 전을 주워 먹으며 엄마에게 '내가 한번 해보면 안 돼?'라고 말을 건넸다. 그때 엄마는 나에게 전 부치는 것을 알려주지 않고 오히려 들어가라고 야단을 쳤다. 처음엔 내가 어려서 그런가라는 생각이 들었었는데, 언젠가 엄마가 지나가며 이런 이야기를 했다. '나중에 하기 싫어도 하는 날이 올 텐데 뭐하러 벌써 하려고 그래?'

그 말의 의미를 어린 나는 이해하지 못했다. 중고등학교 생활을 마치고 대학에 들어가서도 기숙사 생활을 했기 때문에 내가 밥을 해 먹을 일은 없었다. 대학원에 다니면서는 엄마가 늘 따뜻하게 차려주는 밥을 먹고 다녔고, 박사과정 들어가서야 부모님께서 강원도로 가시는 바람에 내 손으로 밥을 해 먹었던 것 같다. 동생은 동생대로 나도 실험실에서 늦게 오거나 밤새는 날이 많아서 일주일에 한 번 동생과 얼굴 보고 밥을 먹을 정도로 밥하는 일은 손에 꼽을 정도밖에 안되었다. 물론 고기며 반찬이며 엄마가 해주시는 것들이 대부분이었지만 말이다.

미국에 와서 아파트를 구하기 전까지 기독교 단체가 운영하는 인터내셔널 빌라에서 한 달 정도 살았다. 방은 호텔 방처럼 1

인실 혹은 2인실이고 부엌과 다른 공간은 공동으로 사용하는 곳이었다. 마트에서 음식을 사서 봉지마다, 반찬 통마다 이름을 써서 냉장고에 넣어두고 요리를 해 먹을 수 있는 공간이 있었다. 그 커다란 공동 부엌에서 내가 해먹은 것이라곤 점심으로 가져가는 땅콩잼 샌드위치와 가끔 저녁으로 먹는 즉석밥이나 즉석국 혹은 라면이 전부였다.

아파트를 구해 혼자 살면서 된장찌개, 김치찌개 등을 한 번에 잔뜩 끓여 며칠이고 냉장고에 두고 먹고, 한인마트에서 양념이 되어 있는 고기나 반찬 등을 사서 조리해 먹는 게 다였다. 연애를 시작하면서 인터넷을 보고 남자친구를 위해 요리를 했지만 그 종류는 다섯 손가락에 꼽을 정도였다. 결혼과 동시에 내게 밀려든 '아내'와 '며느리'의 역할 중 생각지도 못한 부담으로 밀려왔던 건 '밥하기'였다. 거의 모든 게 처음이었다. 매일을 된장찌개와 김치찌개로 때울 수는 없으니 인터넷을 보고 실험을 하듯 레시피를 보면서 밥을 해댔다. 해본 적 없는 명절 음식을 만들면서 엄마가 나에게 굳이 기회를 주지 않았던 이유를 알게 된 것 같다. 결혼한 지 11년 큰아이를 낳은 지 8년이란 시간 동안 거의 매일 하는 일이었고 앞으로도 계속할 테니 말이다. 분명 내가 좋아서 하는 것과 해야만 해야 하는 것 사이의 간극은 크다. 그 차이를 깨닫고 엄마의 지나가던 그 말을 이해했을 때쯤… 시부모님 생일상을 차리며 마음 한편이 아렸던 기억이 난다.

'난 우리 부모님 생일상을 지금까지 한 번도 차려드린 적이 없구나.'

30년을 다른 나라에서 다른 가정에서 자란 남편과의 발맞

춤도 나에겐 처음이었다. 치약을 짜는 법, 화장지를 끊어 쓰는 법, 옷 벗어 놓는 법부터 시작해 같은 것보다 다른 것이 훨씬 많은 우리 둘이었다. 거기에 세대 차이가 많이 나는 시부모님과의 한집에서의 삶은 내가 생각했던 것보다 더 한국적이었고 더 보수적이었다. 나는 서글서글한 성격도 애교 많고 싹싹한 성격도 못된다. 그렇지 못한 나와 시부모님 사이에서 남편은 애를 많이 썼다. 누구도 가르쳐준 적이 없는 역할로 살아간다는 것은 모두에게 결코 쉽지 않은 일이다.

온밤 재우기와 아기침대에서 아이 혼자 잠드는 법을 훈련시키겠다고 육아책을 붙들고 깜깜한 방 아기침대 옆에서 쭈그리고 앉아 밤을 지새웠던 날들, 둘째 때문에 큰아이를 홀로 방에서 재우고 자고 있는 아이를 모니터로 보면서 울었던 세월을 생각하면 엄마라는 또 다른 역할은 아이의 성장에 맞춰 다른 음식을 만들고 먹이는 것처럼 '아내와 며느리'라는 역할보다 훨씬 역동적이고 변화무쌍하고 예상할 수 없는 것이었다. 말이 통하지 않고 논리적으로 설득이 되지 않고 옳고 그름의 구별 또한 제대로 하지 못하는, 모든 순간이 신세계 탐험인 아이들 삶과의 발맞춤은 무거운 책임감을 안겨주는 역할이었다.

아이의 '어떻게 엄마 되는 법을 배웠냐'는 한마디는 지금보다 더 좋은 엄마가 되어야겠다는 다짐을 하게 만든다. 아이들과 앉아서 과학놀이를 하는 나의 모습에는 사실 내가 어릴 적 나와 함께 미술 숙제를 해주던 엄마의 모습이 담겨 있다. 아이들과 침대에서 뒹굴며 도란도란 이야기하는 시간에는 여름밤 사촌들과 함께 모여 불을 다 꺼놓고 6.25 때 이야기를 해주시던 외할머니의 모습이 어려 있다.

코로나19로 길어지는 자택 근무 때문에 일하다 밥하다, 밥하다 회의 들어가기를 반복하며 컴퓨터 앞에 붙잡혀 있는 나를 보며 아이들을 이야기한다.

"엄마는 휴가가 필요해. 엄마 좀 쉬어"

그 말 한마디는 참 고맙다만 배고프면 나한테 달려오는 녀석들 덕에 휴가를 낸들 여행을 간들 '밥하기' 숙제는 늘 나의 몫일 텐데 말이다. '밥하기'의 무게는 엄지를 치켜세우며 맛있다 하는 아이들의 말 한마디면 솜사탕같이 가벼워진다. 이제는 제법 컸다고 큰아이는 식사 시간마다 물병에 물을 채우고 작은 녀석은 식구 수대로 컵을 가져다 놓는다. 얼마 전부터 큰아이는 일주일에 한 번씩 설거지를 하겠다고 나섰다. 그러고 보니 아이들도 그들의 '역할'을 찾기 시작했다.

가족으로 살아가는 건 하늘에서 뚝 떨어지는 행운이나 운명만으로는 살아지지 않는 것 같다. 처음 접하는 역할 앞에 살면서 녹아 들은 누군가의 모습이 남아 있기도 혹은 버려지기도 하면서, 내 자아의 이기적인 마음과 가족이라는 이타적 역할 사이에서 매일 엎치락뒤치락하면서, 실망보다는 희망을 꿈꾸면서 그렇게 살아내야 하는 것 같다. 큰아이는 10살이 되면 자신이 제일 좋아하는 '볶음밥' 하는 법을 알려달라고 했다. 엄마의 '밥하기' 무게를 덜어주고 싶다고 말이다.

우리 엄마 과학자거든!

✦

둘째가 말을 알아듣기 시작하고 온 집 안을 돌아다니며 파괴왕의 매력을 내뿜을 때쯤, 나는 퇴근 후 매일 나를 잃어버리는 경험을 했다. 큰아이 픽업 시간에 간신히 맞춰 집에 가면 남편은 그때부터 일을 시작한다. 거의 저녁 먹을 시간을 제외하면 밤까지 이어지는 남편의 노동 시간에는 아이들 돌봄과 가사가 고스란히 나에게 넘어왔다.

논문은 언감생심에 책 한 권도 손에 잡을 수 없었고 끊임없이 조잘대고 싸우고 먹고 싸대는 아이들 때문에 저녁이면 멍하니 아이들 앞에 앉아 있거나 한국 TV 프로그램을 습관적으로 틀어두고 정신을 놓기 일쑤였다. 어느 날은 큰아이가 '어머니의 날' 기념으로 학교에서 카드를 만들어 와 한참을 쳐다보았다. 미생물학자나, 과학자라는 단어와 그 개념도 모르는 아이에게 처음 알려주었던 엄마의 직업은 '닥터'였다. 의사와 박사의 '닥터'를 구분하지 못하던 녀석의 어머니의 날 카드에 "우리 엄마는 닥터 일을 열심히 한다" "우리 엄마는 TV쇼를 좋아한다"라고 쓰여 있었다.

아이에게 비친 내 모습이 그랬었구나.

그 무렵 큰아이는 각종 언어의 알파벳에 빠져 있었고 둘째는 형을 따라 하루 종일 각종 언어의 알파벳 자석을 가지고 놀거나 유튜브를 보며 주로 정적인 활동을 했다. 영상을 통해 새로운 것을 스펀지처럼 흡수하던 아이들의 수동적인 모습을 보면서 그리고 집에서의 존재감을 점점 잃어가는 듯한 나의 모습을 보면서 더 이상 안 되겠다 싶어 결심을 했다.

'과학놀이를 해보자.'

인터넷을 뒤져서 저녁마다 아이 둘을 부엌 아일랜드로 불러댔다. 각양각색의 초콜릿으로 확산 실험을 하면 '와! 멋있다!'라는 말을 외치곤 손가락을 담가 이쁘게 확산되던 색깔들을 똥색으로 만들어 버렸다. 베이킹 소다와 식초로 화산을 만들고 콜라와 멘토스로 뒷마당에서 2리터짜리 대형 콜라 로켓을 쏘아 올리고, 어릴 적 만들던 고무 동력기를 다시 만들어 아이들과 뒷마당에서 누가 오래 날리나 시합도 했다. 액체 괴물을 만드는 실험을 하면 부엌 바닥과 카펫에 온통 흘려서 준비하고 노는 시간보다 치우는 시간이 더 오래 걸렸고, 더 갖고 놀고 싶다는 걸 어지를까봐 몰래 숨겨놓기도 했지만 아이들과의 과학놀이는 계속됐다.

"신기하지? 재미있지? 엄마는 이런 과학을 하는 과학자야."

신체 장기에 관심이 있는 둘째 녀석을 위해 어린이용 앞치마에 각양각색의 펠트지로 장기를 그리게 하고 퍼즐처럼 위치를 맞추어 입게 하기도 했다. 캠핑 가는 날이면 천체 망원경을 들고 가서 아이들과 함께 달과 목성 그리고 갈릴레이 위성을 관찰했다.

작은 녀석은 여름밤이면 반딧불이를 잡아다 유리병에 넣어 학교에 들고 가 친구들에게 보여준다며 법석을 떨었고, 마트에서 해산물을 사오는 날이면 두 녀석은 냄새난다며 코를 막으면서도 오징어, 낙지, 고등어의 해부를 부엌에서 관찰했다. 사실 나도 아이들과 오징어를 해부하면서 오징어 뇌가 어떻게 생겼는지 처음 알았다.

아직 어린아이들을 위해 내가 할 수 있는 놀이 교육을 찾았고, 그 과정에서 나는 나를 찾아갔다. 서툴던 아이들의 손은 이제 제법 야무져서 엄마 없이도 책을 읽다가 산책을 하다가 밤하늘을 보다가 궁금한 것들을 묻고, 찾고, 생각하고 직접 무엇인가를 해보려고 노력한다. 물론 형보다 호기심이 몇 배 더 많은 둘째 녀석이 어디로 튈지 무슨 일을 저지를지 몰라 늘 긴장을 하게 되지만 말이다.

큰아이의 일곱 번째 생일날, 아이는 처음으로 친구들을 초대해 생일 파티를 열었다. 큰아이는 자기가 초대하고 싶은 친구들 명단을 만들고 실내 놀이터로 우르르 몰려가서 노느라 정신없는 그런 생일 파티가 아니라 꼭 "과학"을 주제로 하는 파티를 열어달라고 요청했다. 아마존에서 아동용 고글을 사고, 커다란 주사기 안에는 젤리를 만들어 넣어 놓고, 손바닥 만한 페트리 접시를 주문해 젤리로 세포 단면도를 직접 꾸며보게도 하고, 아이가 좋아하는 주기율표로 가랜드도 만들었다. 여기에 간단하게 할 수 있는 실험 대여섯 가지를 더 준비했다. 깔깔대며 좋아하는 아이들 앞에서 큰아이가 이야기했다.

"우리 엄마 과학자야! 과학은 이렇게 재미있는 거야!"

아내, 엄마 그리고 과학자라는 역할 사이의 보이지 않는 벽은 단순히 공간적인 분리를 가져온 것이 아니었다. 이름에 맞는 역할과 그를 수행하기 위한 특정 공간에서의 헌신을 통해 한 개체의 뇌와 몸뚱이가 분리될 수 없듯이 서로의 역할이 유기적으로 연결되어 있다는 것을 깨달을 수 있었다. 누군가 나에게 '슈퍼우먼'이라고 이야기한 적이 있다. 결코 그렇지 않다. 내가 나를 찾아가는 과정에서 나 스스로 결심한 것이 있다면 할 수 있는 일과 할 수 없는 일, 중요한 일과 좀 덜 중요한 일을 역할과 공간에 맞게 맞추거나 혹은 과감하게 내려놓을 수 있어야 한다는 것이다.

인스타에서 예쁜 그릇과 반짝이는 부엌, 깔끔한 인테리어를 보면 엄청 부럽지만 그건 내가 할 수 있는 일이 아니다. 아이들의 지적인 교육은 남편이 주로 담당하고, 그 외의 교육과 학교 생활에 대한 것은 내가 맡는다. 지금 와서 깨닫는 것은 딱 아이들이 3에서 5세 정도로 서로 진지한 대화가 불가능했던 그 시기에 '과학놀이'는 우리에게 가장 필요한 일이었다는 것이다.

학년이 높아지면서 아이들에게 자신이 해야 할 일과 숙제가 생기고, 가정에서 지켜야 할 작은 규칙들과 가족을 위한 작은 봉사 활동도 생기면서 우리는 예상 가능한 생활과 서로의 시간과 공간을 지켜줄 수 있는 기회가 늘어났다. 나는 책 한 권도 손에 들지 못했던 시간을 지나 아이들과 매일 밤 침대에 누워서 한 시간씩 책을 읽을 수 있을 만큼 인내력도 상승했고, 아이들은 컴퓨터 앞에 앉아 글을 쓰는 시간이 많아진 나를 보며 "엄마, 직업이 하나 더 생겼네? 작가"라는 말도 먼저 꺼내준다.

날씨가 선선해질 때면 매년 소아과에 가서 독감 예방 접종을 받는다. 유독 겁이 많은 둘째는 차에 타면서부터 칭얼댄다. 주사가 너무 무섭단다. 큰 녀석은 한마디를 더 거든다.

"엄마, 엄마가 바늘 없는 백신 만든다고 했잖아. 안 아프게 반창고 같은 거 만든다면서? 지금까지 뭐한 거야?"

작년 독감 주사를 맞으러 갈 때 왜 백신을 맞아야 하는지, 아프지 않은 주사를 위해서 내가 어떤 일을 하고 있는지에 대한 설명을 기억했던 녀석은 1년이 지나도 성과가 없는 엄마를 나무랐던 것이다.

"응? 엄마는 독감 백신 아니고, 다른 바이러스 백신 연구하는 거야. 그래도 다른 과학자들이 노력하고 있으니까 좀 더 기다려보자."

처음으로 생명과학정보센터 브릭에 기고문을 썼을 때, 나는 나의 소개를 이렇게 썼다.

> 순수 국내파 미생물학 박사로 현재는 미국에서 바이러스 백신 연구를 하고 있다. 결혼을 통해 가정이란 또 하나의 일터를 가지고 있으며, 두 아이와 과학놀이를 즐기는 평범한 여성 미생물학자이다.

이 소개를 보고 누군가가 '과학놀이나 하는 사람이 치열한 과학계에 대해서 이야기하는 것이 불쾌하다'라고 댓글을 달았었다. 다른 사람이 보기에 하찮게 보일 수도 있는 '과학놀이'는 내 삶에서 꼭꼭 접어 간직하고 기억하고 싶은 소중한 순간이다. 치열한 과학계에서 적어도 한두 가지 자아의 역할과 공간을 더 가지고 살아가는 사람이란 것을, 그렇게 살아가는 여성, 아내, 엄마 그리고 과학자로 살아가는 이들이 많이 있음을 언젠가 세상이 알아주었으면 좋겠다.

큰아이는 더 이상 허락 없이 동영상을 찍는 것을 용납하지 않는다. 자신의 프라이버시를 주장하는 아이를 위해 우리의 과학놀이 동영상의 업데이트는 게을러지고 있다. 이 녀석은 요즘 컴퓨터로 애니메이션을 그리고 있다. 눈, 코, 입도 근육도 없는 삐쩍 마른 스틱 인형을 색색별로 그리며, 자신의 영상을 유튜브에 올리기 위해 실력을 연마하고 있다. 언젠가 아이들이 만드는 자신들의 이야기가 아이들에 의해서 업데이트되는 날을 기다린다.

여성 과학자

그럼, 빨리 크세요!

✦

미국에 온 지 2년 되던 해, 재미여성과학자협회(KWiSE)가 있다는 것을 알았다. 그리고, 그해는 동남부 지부가 설립되던 해였다. 첫 콘퍼런스의 기조 연설자는 제약회사에 계신 당시 KWiSE의 회장이셨다. 다양한 분야의 여성 과학, 공학자들이 모였고, 거기에서 듣는 생명과학 분야의 신약에 대한 발표가 반가웠다. 먼저 나서서 인사를 드리니,

"문 박사, 앞으로 동남부 지부를 위해 힘써보세요."

포닥 2년 차인 나에게 이 말은 무슨 의미였을까? 인사하기 바로 전, 동남부 지부의 임원진에 대한 이야기를 나누었는데 되짚어 보니, 나한테 임원을 해보라는 것이 아닌가? 순간 내 입에서 나온 한마디는 "전 아직 어려서요"였다. 고작 포닥 2년 차가 협회의 '임원을 한다는 것'이 한국이면 가당치도 않은 소리지 않은가? 커피 한잔을 손에 들고 나의 이야기를 듣던 박사님은 한마디를 건네셨다.

"그럼, 빨리 크세요!"

말문이 막혔다. "아… 예," 민망한 미소를 지으며 자리에 앉았다. 10여 년이 지난 지금도 그날의 상황과 그 말 한마디가 생생하게 기억난다. 아니, 내 머릿속에 메아리로 남아 꽤 오랫동안 내 삶을 지배해왔다. 종종 '내가 뭘 하고 있는 거지?'라는 자책의 순간이나 슬럼프의 문턱에서 꺼내 보는 말이 되었다.

평생을 노동의 관점에서 싸워온 페미니스트 경제학자 '마이라 스트로버'의 회고록 《뒤에 올 여성들에게》는 내 마음에 남아 있던 "빨리 크세요"라는 말의 의미를 더욱 선명하게 확인시켜 주었다.

1970년 버클리대 강사 시절, 교수 임용에서 말도 안 되는 이유로 탈락되었던 날, 그는 샌프란시스코 베이브리지 위에서 '페미니스트'가 되었다. 그는 이렇게 회고한다.

> 그날의 분노와 각성이 내 나머지 인생에 에너지를 불어넣어줄 터였다. 그 분노와 각성이 나를 이끌었고, 덕분에 새로운 학문 분야를 만들고, 성차별을 연구하고, 그에 대항해 싸우는 새로운 조직을 세우는 일원이 될 수 있었다.✦

학자로서 부당한 성차별을 받은 그가 할 수 있는 일은 무엇이었을까? 그는 '연구'를 택했다. 새로운 분노를 품고 도서관에 앉아 '여성'의 이야기를 찾기 시작했다. 150년 전 엘리자베스 캐디 스탠턴의 〈감성 선언서Declaration of Sentiments〉를 찾았을 때, 그는

✦ 《뒤에 올 여성들에게》, 마이라 스트로버, 제현주 옮김, 동녘, 2018.

스탠턴을 멘토로 받아들이며, "언니"로 삼는다. 여성의 대부분이 교수가 아닌 강사로 일하던 버클리의 "언니들"이 마음을 모으기 시작했다. 마이라는 그때를 "자매애가 싹텄다"라고 회고한다. 그리고, 버클리에서 처음으로 "여성과 노동"이라는 강의를 개설한다. 자유주의적인 페미니스트의 편에 섰던 마이라는 이 강의를 통해 만난 '언니들'을 통해 "여성이 일터에서 평등을 누리려면 사회 전체가 달라져야 한다"는 급진주의의 편에 서게 된다. 그가 걸어온 페미니스트의 길은 경제학 내에서만 여성을 다룬 것이 아닌, 가정과 노동조직, 정부기관의 측면에서 여성을 위해 어떤 새로운 정책이 필요한지 파악하는 다학문적 여정을 통해 여성의 경제적, 사회적, 정치적 영향력을 높이고자 애쓴 노력의 자취였다.

1970년대 경제학 분야의 언니들은 대단했다. 전미경제학회(American Economic Association, AEA) 연례회의에서 그들은 '여성을 위한 경제적 평등에 필요한 것'이라는 세션을 열었으며, 많은 여성 경제학자와 젊은 대학원생(여성과 남성)이 참여하였고, 그 후 AEA 사업 회의에서 캐럴린 쇼 벨은 "경제학 관련 직종에 여성의 비율이 낮은 상황을 바로잡을 것" "경제학자들 사이의 성차별을 제거하기 위한 적극적 프로그램을 도입할 것"과 연례회의에 아이를 맡길 수 있는 보육 서비스를 제공하라고 AEA에 요청했다. 현재까지도 대부분의 학회에서 고려조차 안 된 일들이 무려 40년 전에 일어났다.

그는 스탠퍼드 내의 여성 교수가 남성 교수에 비해 적은 급여를 받는 문제를 제기하고, 스트로버 보고서The Strober Report를 작성했다. 그에 따르면 여성은 급여 분포 하위 5분의 1을 과대 대표

했고, 상위 5분의 1을 과소 대표했다. 그는 이 보고서를 통해 교무처장이 여성 교수의 급여 수준을 지속해서 조사하도록 요구했고, 여성 교수가 적은 학과는 여성 교수진을 늘리기 위한 채용 계획을 수립하도록 요청했으며, 성희롱에 대한 인식을 교육하고 섬세하게 만들기 위한 지속 프로그램을 개설했다. 이 스트로버 보고서는 현재의 '다양성 보고서'의 시초가 아닐까?

> "자네는 정상인가? … 결혼해서 아이를 가질 거라면 경제학 박사학위는 왜 따려고 하나?"
> … 매일 아침 보스턴에서 케임브리지로 차를 몰고 오면서, 오늘이 바로 그날이라고 중얼거렸다. … 그곳은 남성 천지였고, 임신은 본질적으로 남성의 일이 아니었다. 임신 사실을 말하면 그들이 내 명예 남성 지위를 빼앗을 것 같았다. 좋을 것은 하나도 없어 보였다.
> … 나는 샘의 커리어가 내 커리어보다 중요하다는 생각에 완전히 빠진 채였다.
> … 샘은 그 과정에서 자신이 아내에게 원하는 것은 조력자이지 '남자의 게임'을 하려는 사람이 아니라는 것을 깨달았다.✦

하버드 박사과정 면접에서 그가 들었던 말, 임신 사실을 언제 알려야 할지 몰라 하루하루 전전긍긍하며 보냈던 시간, 자신의 커리어보다 남편의 커리어를 늘 우선에 두고, 독박육아를 감당해야 했던 그의 삶의 회고는 40년이 지난 현재의 여성들이 동

✦ 같은 책.

일하게 겪고 듣는 말과 생각이다. 그가 '언니들'과 함께 세웠던 여성 연구원(Center for Research on Women, CROW, 현 클라이먼 젠더 연구원) 35주년 기념식에서 그는 35년이 지났어도 '젠더 혁명'은 교착 상태라고 이야기한다.

> 남성 수입 대비 여성의 수입은 늘지 않는다. 어머니인 여성은 엄마 벌금을 문다. 여성이 가장인 가족은 어느 때보다 빈곤한 상태일 가능성이 크다. 이공계 여성의 비율은 여전히 매우 낮고, 대기업 내 여성 리더나 기업 이사회 내 여성 이사는 아직 당황스러우리만치 부족하다.✦

'젠더 혁명'은 오랜 시간 쏟아부은 시간과 노력에 비해 부단히 경제적이지 못한 모순에 직면해 있다. 그는 "나는 이제 처음 시작한 때보다 내가 추구하는 변화가 심원하고 어려운 것임을, 내 삶에서는 원했던 결과를 볼 수 없을 것임을 이해한다"✦✦ 라고 이야기한다.

마이라 스트로버의 40년 세월의 회고를 몇 번이고 다시 읽었다. 그의 인생은 '마이라'라는 한 여성에게만 벌어진 일이 아닌 세대와 시대를 초월한 여성들에게 동일하게 일어나고 있는 "현재 진행형"인 일이다. 그는 '나처럼 하면 성공할 수 있다'나 '열심히 하면 모든 것이 잘된다'라는 전형적인 성공의 롤모델을 보여주지

✦ 같은 책.

✦✦ 같은 책.

않는다. 늘 힘들게 걸어왔고, 늘 일과 가정의 장애물이 있었다. 그는 자신을 '운이 좋은 사람'이라고 이야기하지만, 사실은 힘들고 장애물이 혼재한 삶을 그는 결코 혼자 걸어오지 않았다. 그는 언니들의 '자매애'와 남성들의 지지를 통해 지금까지 걸어올 수 있었다.

나도 그 길을 걷고 있다. 한때는 운이 좋은 사람이라고 생각하고 걸어왔던 그 길. 그러나 그 길을 상대적으로 나보다 더 힘들게 걷는 이들에 비해서 운이 좋았을 뿐임을 안다. 그렇게 함께 걷는 이들과 서로 다독여주며 걸어가고 있다. 비록 나는 그보다 40년이란 시간 뒤를 걷고 있지만, 시간과 공간을 초월해 마이라와 함께 걷고 있는 것이다.

"그럼, 빨리 크세요!"의 의미는 내게는 내 뒤에 올 누군가를 위해 앞장서서 걸으라는, 그래서 좀 더 외치고, 좀 더 글로 남기고, 좀 더 몸부림치라는 독려다.

내 뒤에 올 여성들을 위해서….

사라지는 언니들

✦

대학 시절, 여자 기숙사는 들어가기 쉽지 않은 곳이었다. 언젠가 졸업한 대학에서 세미나를 했을 때, 누군가 대학 때 열심히 공부를 한 원동력이 뭐였냐고 질문했다. 나는 "기숙사에 남기 위해서요"라고 대답했다. 1학년 두 명에 2, 3, 4학년 중 두 명, 이렇게 넷이서 한 방을 쓰는 기숙사였기 때문에 학년이 올라갈수록 학과에서 최상위를 유지하지 못하면 기숙사에 남기가 힘들었다. 기숙사에 남기 위해 공부했다는 말이 결코 과장은 아니다.

2학년 때 전공을 정하고 보니, 여자 기숙사에 우리 학과 3학년, 4학년 선배가 한 명씩 있었다. 우리 학과에서 소위 과탑을 하고 대학원 진학을 꿈꾸는 언니들이었다. 공부를 하다가 모르면 오밤중에 달려가 언니들한테 물어보고, 가끔은 언니들 노트도 빌려보고, 시험 기간에는 중요한 거 찍어달라며 쪼르르 달려가기도 했다. 한 해가 지나니 4학년 선배는 졸업해서 서울로 대학원을 갔고, 두 해가 지나니 또 다른 선배도 졸업을 해 서울로 대학원을 갔다. 나에게 그 언니들은 선망의 대상이었다. 물론 대학원에서 전공하는 분야는 달랐지만, 계속해서 공부하는 선배가 있다는 건 뭐랄까? 자랑하고 싶은 '우리 언니'가 있는 느낌이랄까? 어쨌든 언니들에 대한 자부심이 적어도 내겐 있었다.

내가 4학년 모 연구소에 취업했을 무렵, 선배 언니 중 한 명이 결혼을 한다며 나에게 결혼식 피아노 반주를 부탁했다. 우리 학과 선배와 결혼하는 언니는 연신 싱글벙글 행복한 모습이었고, 석사를 졸업하고 유학을 가는 남편을 따라 미국으로 갈 예정이라고 했다. 여차저차 몇년 후, 올망졸망한 아이를 가진 언니를 다시 만났고, 언니는 다시 실험실로 돌아가지 않았다. 다른 언니도 결혼과 출산 후 아이들 때문에 휴직 중이라고 했다.

그렇게 내 앞에 가던 언니들은 사라졌다. 한때 내가 우러러보는 대상이었던 언니들이 말이다. 한 번도 내 앞의 언니들이 사라질 것이라는 생각을 못했다. 우리 과는 여학생이 상대적으로 많았고, 학업 성적도 여학생들이 더 높았고 여학생의 대학원 진학률도 높았다. 그렇게 과학계 어딘가에서 앞서 걸어갈 줄 알았다. 내가 겪어보지 못했던 결혼과 출산을 겪으면서 사라지는 언니들의 모습은 나에게 큰 충격으로 다가왔다. 그럼 함께 석사를 졸업했던 동기들은 어디 있지? 내 후배들은?

'여성 과학자'라고 하면 떠오르는 롤모델이 얼마나 있을까? 나에겐 별로 없다. 현실 세계에서 당장 내 눈앞에 걸어가고 있는 이들이 나의 롤모델이었지 소위 과거의 인물이나 저 높은 곳에 모든 것을 다 이룬 것 같은 분들은 현실적인 롤모델이 될 수 없었다. 이학계열 50퍼센트에 육박하는 여성 과학도들의 미래가 줄

줄 '새는 파이프leaking pipeline'만을 보여준다면 사회적인 문제일 뿐 아니라 과학계의 큰 손실이 아니겠는가.

몇 년 전 한국의 한 기관에서 대여섯 분이 우리 연구소를 방문한 적이 있었다. 저녁 식사를 같이하며 이런저런 이야기를 하는데 책임자가 여성분이었다. 보통 남성분들이 책임자급으로 많이 오는데 여성 책임자는 처음이라 그분의 이야기를 듣고 싶었다.

"아들 둘이 있다면서 일하면서 어떻게 다 키우셨어요?"

"우리 때는 그냥 다 그렇게 하는 거였어요. 시부모님이 애들 좀 봐주시고, 어떻게 하다 보니 애들이 다 컸더라고요. 그런데 요즘 젊은 사람들은 뭐가 힘들다고 그 난리인지 모르겠어요."

질문한 내 입을 때리고 싶었다. 그분의 부하 직원인 여성이 바로 앞에서 임신 5개월인 배를 만지며 차마 썩은 얼굴을 내놓지 못한 채 신 레모네이드를 벌컥벌컥 마시고 있었기 때문이었다.

세상은 여성 과학자의 롤모델로 반짝반짝 빛나는 사람들만을 보여준다. 그들이 걸어온 현실적인 삶의 모습보다는 그들이 만들어낸 빛나는 업적만을 보여준다. 이미 다 이룬 분들은 그렇지 못한 이들을 이해하려는 마음보다 능력이 없거나 노력이 없는 것으로 치부해 버리는 경우도 종종 보게 된다. 마치 나만 열심히 하면 걸을 수 있는 꽃길 같아 보이지만 현실은 그렇지 않다는 것을 그 길의 초입에 서면 누구나 느낄 수 있다.

《랩걸》을 읽으며 저자 호프 자런의 찬란한 과학의 삶을 동경하면서도 한편으로 씁쓸한 이유가 그랬다. 경제적인 문제가 없고, 자신의 과학을 위해 어디든지 함께 가서 안정적인 직업을 바로바로 찾을 수 있는 능력 있는 남편이 있고, 자신이 옮기는 곳이 어디든 함께 실험실을 책임지고 걸어갈 수 있는 동료가 있는 저자에게 부러움을 넘어서 질투심을 갖게 되었다.

남성들과 치열하게 경쟁하면서 이룬 길이 성공만이 아닌, 실패와 고민의 순간들도 곱씹어보며 다음 세대를 이해할 수 있는 그런 이들이 내 눈앞에 있으면 좋겠다. 전체를 보기 위해선 반짝이는 저 높은 곳의 여성 과학자가 아닌 우리 눈앞의 과학을 사랑하고 능력 있고 의지가 있는 수많은 언니들이 인생의 항해에서 겪어보지 못한 파도를 만나고 때로는 옆으로 돌아가거나 뒤로 밀려나 왜 반짝이는 높은 곳에서 멀어지고 파이프 밖으로 밀려나는지도 우리는 함께 봐야 한다.

대학원 다닐 때 조교 선생님 한 분은 공대로 유명한 대학을 나온 분이었는데, 어느 날 난 뜬금없이 이런 질문을 던졌다.

"선생님은 좋은 학교에서 석사까지 하셨는데, 왜 회사에 남거나 더 연구하지 않으셨어요?"

"니도 결혼하고 애 가져봐라. 그게 맘대로 되나!"라며 멋쩍은 표정으로 대답하셨었다. 지금 와서 생각해보니 20대 까마득히 어린 대학원생이 겁 없이 던졌던 그 말이 그분께 상처가 되지 않았을까.

그때는 이해가 되지 않지만 지금은 이해가 된다. 내가 그만큼 나이를 먹어서일 수도 있고, 꽃길이라고 생각했던 길이, 당장 내 손에 반짝이는 것을 쥘 수 있다고 생각했던 길이 혼자서는 헤쳐나갈 수 없는 길임을 알아버렸기 때문이다.

더 많은 언니들의 이야기가 듣고 싶다. 지금은 이 길에 서 있지 않은 나의 선배 언니들의 이야기도 듣고 싶다. 이 길을 함께 걷지 않으면 실패라고 생각했던 나의 무지를 내려놓고, 완벽하게 반짝이지는 않지만 이 길로 걸어가는 방법, 저 길로 걸어가는 방법도 있다는 것을 보여줄 수 있는 누군가의 한 발 먼저 딛는 그 걸음을 찾았으면 좋겠다.

레퍼런스

✦

박사과정을 시작하고 얼마 되지 않았을 때, 얼굴이 기억이 나지 않는 후배에게 연락이 왔다. 학부 때 교수님께 내 이야기를 듣고서 연락을 했다며, 대학원 진학에 관심이 있다고 했다. 한국의 이공계 대학원은 대부분 교수님과 미리 진학에 대해서 상담을 한 후에 입학시험을 본다. 대전에서 올라온 후배는 교수님을 만나 미리 면담을 했다. 교수님 방에 후배를 들여보내고 나는 설렘과 떨림이 섞인 오묘한 기분이 들었다. 같은 학교, 같은 과 후배라는 가느다란 학연이 내게는 오묘한 기분 뒤에 단단한 부담감이 되었다. 누군가를 중요한 자리에 소개하는 일이자 누군가의 인생에 대한 일이었기 때문이다.

후배는 짧은 면접을 마치고 돌아갔다. 면접 후에 교수님은 나에게 오셔서 후배에게 대학원 입학전형에 지원해 보라고 이야기를 전하라고 하셨다. 사실 교수님들과 미리 면접을 보고 지원해도 지원자의 면접 점수, 영어 시험 등 입학 사정 과정에서 불합

격되는 경우도 종종 있어서, 100퍼센트 합격이란 보장은 없다. 그날 오후 대학원 수업을 들어가기 전, 나는 꽤 감상적인 이메일을 보냈던 것 같다. 정확한 내용은 기억이 가물가물하지만, 그 이메일에 '우리가 나아가는 항해를 함께 해보겠니?'라는 촌스런 은유를 썼던 것 같다.

그다음 학기에는 학번은 같지만 군대로 인해 나보다 늦게 졸업한 동기가, 또 그다음 해에는 모교에서 석사를 졸업한 후배가 박사과정으로 같은 실험실에 들어왔다. 지방대 출신이란 내세울 것 없던 우리들의 가느다란 학연은 나의 욕심, 자존심과 맞물려 그들에게 싹싹한 사수가 되어주지 못했다. 더 다그쳤고, 더 잘하길 바랐다. 그렇게 달달 볶아대다 홀연히 나만 미국으로 날아왔건만 그들은 잘 해냈다. 교수님들께도 인정받고, 좋은 저널에 논문도 내고, 무사히 졸업도 했다. 내가 미국에 온 이듬해, 그리고 또 그 이듬해에 학회에서 후배들을 만났다. 훌쩍 커버린 그들을 보자 내 마음속에 또 다른 오묘한 감정이 생겼다. 나는 그들에게 어떤 존재였을까?

나는 롤모델이라는 말을 좋아하지 않는다. 롤모델은 반짝이는 별과 같다. 특히 과학계에서는 대단한 성과의 논문을 내거나 잘 나가는 바이오 벤처를 소유하거나 정부나 기업의 고위직에 있는 성공한 사람들이 대부분이다. 짧지도 길지도 않은 인생을 살아보니 저 높은 곳의 반짝이는 사람들의 모습이 '과연 내가 되고 싶은 모습인가?'라는 생각이 들었다. 진저티프로젝트는 개인과 조직의 건강한 변화를 위한 실험실로 《롤모델보다 레퍼런스》라는 일하는 여성들의 질문과 답을 담은 인터뷰집을 내놨다. 불확실하고 변동 가능성이 많은 현대의 사회에서 여성들에게 필요한 것은 정답 같은 롤모델이 아닌 자신의 길을 걷다 한번 들여다볼 수 있는 레퍼런스라고 이야기하며 일하는 여성들의 이야기를 담았다.

'레퍼런스.' 나는 이 단어가 맘에 든다.

사실 실험실의 사수는 후배들의 롤모델이 될 수 없다. 당장 자신의 앞길도 정해지지 않은 채, 실험을 좀 더 많이 해봤고, 논문을 좀 더 많이 출판했고, 학회를 더 참가했다고 해서 후배들의 반짝이는 별이 될 수는 없다. 대학원에 들어간 지 19년이 지난 지금 생각해보면 내 앞의 사수도 내 뒤의 후배도 그 어느 누구 하나 같은 길을 걷는 사람은 없다. 생명과학을 전공한 수많은 사람들이 걷는 정형화된 코스를 걷더라도 사람마다 걷는 길의 깊이와 넓이는 다 다르다. 그저 후배들의 인생에서 만나는 수많은 사람 중에 '기억할 만한 레퍼런스' 같은 사람이 되는 것이 더 의미 있는 일 아닐까?

미국에서 레퍼런스란 단어는 '추천서'라는 의미를 갖는다. 대학원 진학, 포닥 지원, 취업 심지어는 가사 도우미를 구하는 일까지 다른 사람의 추천을 중요하게 여긴다. 이력서의 경력이나 성적표의 숫자와 논문 개수가 그 사람을 평가하는 모든 것이 되지 않는다. 그 사람과 얼마의 기간 동안 같이 일을 했는지, 어떤 일을 같이 했는지, 장점과 단점은 무엇인지, 지원하는 곳에서 일을 잘할 수 있을지 등 직접적으로 관계가 있지 않으면 쓸 수 없는 추천서를 원하는 곳이 많다. 공교롭게도 세 후배의 레퍼런스를 쓸 기회가 있었다. 후배들이 지원하는 곳에 추천자로 내 이름을 넓었다는 것. 그것만으로도 고마웠다. 그들의 고용주(교수들)는 나에게 직접 후배들의 추천서를 보내달라는 이메일을 보냈다. 고용주들이 원하는 각 항목에 대해 기억을 더듬고 후배들과 함께 연구했던 논문도 뒤져가면서 추천서를 썼다. 그리고 추천서에 늘 쓰는 관용적인 표현이지만 나의 진심을 담은 한 구절을 덧붙였다. "○○에 대해 더 궁금한 사항이 있으면 언제든 주저 말고 이메일주세요"라고.

누군가가 참고할 만한 인생, 누군가를 추천해줄 만한 인생. 그거면 된 거 아닐까.

페미니스트가 되다

✦

지난 KWiSE 콘퍼런스 뒤풀이 모임이 있었다. 메릴랜드에서 온 총회장님도 계셨고, 수고한 임원들과 멀리서 온 연사님들과 함께한 자리였다. 내가 여성 과학자에 대한 이야기를 쓴다고 하면서 "여성 과학자에 대한 이야기를 쓰니 공공의 적이 되는 느낌이에요. 학교 다닐 때는 주변 사람들한테만 '독한 년' 소릴 들었는데, 이제는 글로벌하게 까이는 것 같아요"라며 농담 섞인 말을 꺼냈다.

"여기 안 독한 사람이 어디 있어요?"라는 한 분의 말에 여기저기서 "맞아요"라며 맞받아쳤다.

맞다. 독하지 않고 이만큼 걸어온 사람이 있겠는가? 지금과 같지 않은 사회 분위기, '여자가 공부 많이 해봐야 소용없다'는 편견 속에서 버티고 버티며 살아온 시간들, 게다가 피부색이 다르고, 영어의 억양이 달라서 더욱 독하게 버텨야 했던 눈물 없이 듣지 못하는 시간들은 그날 그 자리에 있던 사람 누구나 경험했던 일이다.

학회, 세미나와 사회생활은 아이들에게 묶여 저만치 멀어지고, 그 가운데서 가늘어진 연구를 위한 네트워크와 네트워크 안에서 희미해진 내 이름을 알리고자 몸부림치던 시간들을 우리는 안다. 가사+육아+연구의 여성 과학자 인생의 삼원소를 가슴에 품고 살아온 우리는 참 독한 게 맞다.

어느 날 미국의 박사학위를 받은 여성과 남성의 임금 격차에 대한 기사를 읽고 식사 시간에 남편과 이야기를 나누고 있었다. 같이 박사학위를 받고 같은 직종에 종사해도 여성의 연봉이 1만 달러 정도 적다는 조사 내용이 기사에 실려 있었다. 우리의 이야기를 가만 듣고 계시던 시어머니는 "그래도 남자가 더 벌어야지"라고 하셨다. 머리에 뭔가 '탁' 맞은 느낌이 들었다.

"아… 이래서… 우리가 이렇구나."

중학교 때 봤던 김희애와 최수종이 주연인 〈아들과 딸〉이라는 드라마가 있다. 이란성 쌍둥이로 태어났지만 똑똑한 딸이라 아들의 앞길을 망칠까 봐 엄마는 후남이(김희애 분)를 모질게 대하고 모든 것을 차별했다. 그 모습을 보면서 분통을 터트리며 씩씩거렸던 기억이 난다. 우리 엄마 세대만 해도 없는 형편에서는 아들을 더 교육시키는 것이 당연한 듯 여겼던 세대이다. 시대가 변하고 세월이 달라졌어도 한번 머릿속에 각인된 남녀에 대한 인식은 잘 변하지 않는다는 걸 시어머니의 말 한마디를 통해서 깨달았다. 현재를 살아가는 이들의 노력 없이는 과거의 불평등으로 인해 뼛속까지 새겨진 편견이 지워질 수 없고, 결국 세상은 바뀔 수 없다는 것을 말이다.

돌아가신 외할아버지는 집안의 박사나 교수보다 목사를 더

귀하게 여기셨던 분이다. 그런 분이 내가 미국으로 온 지 얼마 안 되었을 때 나에게 이메일을 보내셨다.

> 사랑하는 손녀딸, 성실아
> 한국의 박사학위를 받은 여성으로 긍지를 갖고 자신 있게 모든 일을 추진하고 지혜의 근본이 되시는 하나님께 늘 기도하며 믿은 자로서 담대하게 앞으로 전진하는 훌륭한 학자로 커 주기를 바라며 기도한다.

그러고 보면 여자라서 기죽지 말라는 소리를 나는 외할아버지께 더 많이 들었다. 경제적인 형편이 안 돼 우리 엄마의 형제들은 다 공부를 시키지 못했었더라도, 10명의 손자, 손녀들에겐 자긍심과 자신감을 가지라고 뒤에서 묵묵히 기도하셨던 분이다.

그렇게 기죽지 않고 때로는 욱하면서 때로는 독하게 버텨왔던 나에게 동일한 학력과 동일한 직종에서 여성과 남성의 임금이 다르다는 것은 0.001퍼센트도 이해할 수 없는 것이었다.

나는 그렇게 '페미니스트'가 되었다.

어릴 적부터 보아왔던 불평등이 세월이 지나도 바뀌지 않은 것을 깨닫고 말이다. 내가 서 있는 지금 이 자리에서 나부터 내 가족부터 노력해서 바뀌지 않으면 나의 아이들 세대에서도 꿈쩍 안 할 일들이 눈에 보였기 때문이다.

처음에는 페미니스트라는 단어에 대한 거부감이 컸다. 딱 고맘때쯤 한국은 급진적인 페미니스트 그룹과 남성 온라인 커뮤니티 사이의 대립으로 여성과 남성, 서로에 대한 혐오가 극에 달하고 있을 때였다. 사실 넓은 페미니즘의 스펙트럼 어딘가에 걸치고 있어도 페미니스트의 대의적인 의미는 크게 변하지 않는데 말이다. 오죽하면 레고 리미티드 에디션인 여성 과학자 피규어를 조립해 연구실 책상 위에 놓았더니 어떤 분이 "문 박사 이런 쪽이었어요?"라는 말을 꺼냈다. 그 말 한마디에 그날 왜 그렇게 귀가 빨개졌었는지….

결과적으로는 스스로 페미니스트라고 인식하기 전과 후가 크게 달라지지 않았다. 멜린다 게이츠는 《누구도 멈출 수 없다》에서 자신이 페미니스트가 된 이야기를 들려준다. 그리고 페미니스트는 "모든 여성이 자신의 목소리를 낼 수 있고, 스스로의 잠재력을 실현할 수 있어야 하며, 여성과 남성 모두가 여전히 여성을 억누르는 장애물을 제거하고 편견을 없애기 위해 힘을 합쳐 노력해야 한다는 신념을 갖는 것이다"✦ 라고 했다.

KWiSE 뒤풀이를 하며 "우리 모두가 독한 년"임을 인정했던 날, 그날 이후로 난 '독한 년'이란 소리를 칭찬으로 번역해서 듣기로 다짐했다. 버텨야 한다는 말이 참 모순이라 슬프지만, 그래도 함께 버틸 수 있는 이들이 있다. 우리 사라지지 맙시다! 그리고 서로 살뜰히 도웁시다!

✦ 《누구도 멈출 수 없다》, 멜린다 게이츠, 강혜정 옮김, 부키, 2020.

투 바디 프라블럼

✦

작년 학회에 참석했을 때다. 가끔 학회서도 만나고 우리 연구소에 와서 실험도 배워갔던 닥터 V는 프랑스인답게 만나자마자 볼 인사를 건넸다. 보스는 동료 없이 혼자 온 그에게 저녁 식사를 함께하자고 제안했다. 호텔과 가까운 레스토랑 파티오에 둘러앉아 새우 요리를 테이블에 두고 그에게 물었다. "요즘 어떻게 지내?" 그는 "쉽지 않아. 모든 게 복잡해" 하며 눈물을 글썽였다.

중국인인 나의 보스와 중국어로 자유롭게 이야기할 정도의 중국어 실력을 갖춘 그는 5~6년 전 중국에서 2년간 방문 연구를 했었고, 현재는 네덜란드에 살고 있다. 학회에 오기 직전 그는 중국의 꽤 이름 있는 학교에서 좋은 조건으로 임용 제안을 받았다고 했다. 자신만의 실험실을 꾸릴 수 있고, 연구비도 넉넉하고 함께 연구하는 인력들도 최고 수준으로 선발할 기회도 있다고. 당장 9월부터 새 학기를 시작해야 하는데 남편이 중국으로 이주하는 것을 원하지 않는다고 했다. 중국의 공립학교 문제와 대기 오염 등을 생각하면 아이들을 데리고 중국으로 가고 싶지 않고, 5년 동안 중국으로 닥터 V를 따라갔다 오면 자신의 커리어를 계속 이어가기 힘들다고 거절했단다. 과학자로서 거절할 수 없는 조건을 눈앞에 두고 이도 저도 못 하고 복잡한 마음이 가득 찬 그에게 우리는 한마디씩 위로의 말을 건넸다.

중국의 문화와 상황을 잘 아는 우리 보스는 그에게 종이를 내밀며 장점과 단점 세 가지씩을 써보라고 권했다. 그러더니 중국의 어느 병원, 어느 교수 등을 언급하며 닥터 V가 중국에서 자리 잡을 때 도움을 줄 수 있는 네트워크를 소개하며 여러 조언을 꺼내놓기 시작했다. 60대의 싱글맘으로 홀로 30년을 버틴 우리 팀 테크니션은 그에게 "네 길을 가라"는 묵직한 조언을 던졌다.

나는 그날 닥터 V에게 어떤 말도 할 수 없었다. 큰아들과 동갑내기 아이를 키우는 그에게 '아이 놔두고 네 커리어를 찾아. 너무 좋은 기회잖아'라는 말은 차마 뱉지 못하고 입안에서만 맴돌았다. 제안을 받은 중국의 대학에서 첫 여성 교수이자 첫 외국인 교수로서 지금보다 한 단계 도약할 기회를 '가족이 중요하잖아'라는 말로 포기하라고도 할 수 없었다. 그 식사 시간의 분위기는 꽤 무거웠던 걸로 기억한다. 저녁을 먹고 헤어지는 길에 나는 그저 덤덤히 그를 안아주었다.

학회 마지막 날 점심 시간에 그와 한 테이블에 앉았다. "결정했어?"라고 묻는 내게 "그냥 파트타임으로 하기로 했어"라며 중국과 네덜란드 두 학교에 적을 두고 가족과 함께 반 년, 중국에서 반 년을 다섯 번 반복해야 하는 여정을 준비하게 되었단다.

그는 5년 동안 받을 수 있는 기회와 연구비를 반으로 쪼갰고, 가족의 희생을 반으로 쪼갰다. 그러나 그는 가족에 대한 마음과 정성을 두 배는 더 쏟아야 하고, 연구에 대한 열정과 결과도 두 배로 더 내어놓아야 할 것이다.

이 이야기는 닥터 V만의 이야기가 아니다. 미국이란 곳에서 흔하게 볼 수 있는 기혼 여성 과학자들의 문제는 바로 '투 바디 프라블럼Two-body problem'이다. 특히 부부가 비슷한 전공이나 박사학위를 받았을 경우 그다음 단계를 위한 직업을 같은 도시에서 갖기란 쉽지 않은 일이다. 박사학위 후에 단기적으로 머무는 포닥이 아니라 대학교수나 민간 연구소, 기업 등으로 취업을 할 경우 부부가 같은 도시에서 본인들이 원하고 만족하는 직업을 갖기란 쉽지가 않다. 한국의 상황으로 이야기하자면 주말 부부이나 사실은 주말 부부로 살기엔 물리적 거리가 너무 먼 상황을 주변에서 종종 보게 된다.

뚜렷한 해결책은 없지만 몇 가지 유형은 보인다. 첫 번째는 한 명을 밀어주는 것이다. 부부 사이에 한 명이 먼저 안정적인 직업을 가질 수 있도록 나머지 한 명이 포기하거나 시기를 늦추는 방법이다. 열에 아홉은 여성이 속도를 늦춘다. 그리고 정착한 지역에서 일자리를 다시 찾는다. 다행히 운이 좋아 자신이 전공한 분야의 일을 시작할 수도 있지만, 대부분은 시간이 흘러서 자신의 분야에 딱 맞는 일보다는 유사한 일을, 자신의 경력을 인정해주는 곳보다는 낮은 직급이나 파트타임의 일자리를 갖는 경우가 많다. 특히 매일 새로운 논문이 쏟아지고 새로운 기술이 적용되는 이공계 분야에서는 1~2년의 휴식기는 일자리를 찾는데 걸림돌이 될 수 있다.

두 번째는 투 바디 프라블럼이라고 하는 '따로 살기'다. 각

자의 일터가 있는 곳에 자리 잡고, 거리가 가까우면 주말 부부로 거리가 멀면 한두 달에 한 번씩 만난다. 아이가 있는 경우는 한 명이 오롯이 육아의 짐을 떠안는데 육아를 대부분 여성이 담당하는 경우가 많다. 새로운 일자리를 얻고 처음 몇 해 동안은 실적을 내야 하고 연구비를 따야 하고 테뉴어tenure(종신교수)가 되기 위해 논문을 쓰고 학생들을 지도해야 하는데, 여기에 100퍼센트 육아의 책임이 더해지는 경우 그 속도는 더딜 수밖에 없다.

세 번째는 부부가 한 팀이 되는 경우다. 같은 전공을 했을 경우 남편의 랩에서 아내가 혹은 아내의 랩에서 남편이 같이 일하는 경우를 종종 보게 된다. 미국은 이런 시스템이 가능하지만, 한국 대학에서는 제도적으로 부부가 같은 실험실에서 종속관계로 일을 할 수 없다고 들었다.

미국 학계에서는 이러한 문제를 해결하기 위해 "복수 임용dual position"을 하는 경우가 종종 있다. 같은 분야에 부부 혹은 파트너가 함께 임용될 기회를 만듦으로써 조직 내의 다양성에 기여함과 동시에 안정적으로 연구할 수 있는 환경을 신임 교원에게 제공할 수 있다는 장점이 있다. 그러나 이러한 시도는 현재 몇몇 학계에 국한되어 있는 일일 뿐이다.

투 바디 프라블럼은 물리적으로 몸이 떨어져 있다는 문제에만 그치지 않는다. 누군가의 희생이 따르고 누군가의 포기가 따르는 일이다. 특히나 한국 사회에서는 여성이 남성을 따라가는 경우는 많아도 남성이 여성을 따라가는 경우는 극히 드물다. 그로 인해 야기되는 많은 감정의 문제들이 켜켜이 쌓여 가정불화나 극단적인 결과로 이어지는 경우도 주위에서 볼 수 있다.

남성 박사의 배우자 중 약 50퍼센트가 동일 분야 혹은 다른 분야의 박사학위자인 데 반해 여성 박사의 배우자는 약 70퍼센트 이상이 동일 분야 혹은 다른 분야의 박사학위자라고 한다. 상대적으로 이러한 문제에 빠지는 상대는 여성일 가능성이 크다는 것을 간접적으로 보여주는 것이다.

닥터 V와의 이야기와 함께 이 문제를 던지는 이유는 누구도 미리 알려주지 않는 이야기이기 때문이다. 어떤 사람들은 농으로 '학계 내에서 연애하지 말라고 해'라는 말을 꺼내기도 하고, 가정의 불화를 겪은 이야기를 들으며 '그래서 잘난 여자는 혼자 살아야 해'라는 말을 하기도 한다. 과연 '학계 내 연애 금지' '결혼 금지'로 이 문제가 해결될 수 있을까? 같은 과학자가 아니더라도 대부분의 중산층은 맞벌이해야 생활이 가능한 미국 땅에서 정답은 없어 보인다.

그날 닥터 V와 헤어지면서 나는 그에게 "열렬히 응원한다"라는 말을 건넸다. 그와 같은 이유로 나의 곁을 떠난 나의 동료와 친구들에게도 '늘 응원하고 있다'는 말을 꼭 하고 싶다.

다양성, 우리 모두의 문제

✦

긴 호흡으로 봐야 하는 드라마는 낮에는 애들 때문에, 밤에는 잠이 모라자 잘 보지 못한다. 그러다 우연히 아마존에서 보게 된 드라마 한 편은 모자란 잠을 헌납할 만큼 큰 재미를 주었다. 〈마블러스 미세즈 메이즐The Marvelous Mrs. Maisel〉은 1950년대 뉴욕의 유태인 가정을 배경으로 전업주부이자 상류층이며 별거녀이자 아이가 둘인 마리암이란 여성이 스탠드업 코미디언으로 무대에 서서 자신의 모습을 찾아가는 이야기이다. 여성이 무대에 서는 것은 스트리퍼가 유일했던 당시의 사회적 상황을 고려한다면, 코미디언이 꿈이었던 남편이 아닌 미리암 자신이 무대에 서서 그 누구도 꺼내놓지 않았던 '여성'의 이야기를 풀어놓는다는 파격적인 설정이다. 여성이라서 무대에서 밀려나는 경우도 있고, 금기시되고 천박하다고 여겨지던 '임신'에 대한 이야기를 꺼냈다가 무대에서 질질 끌려 내려오기도 한다.

미리암의 엄마 로즈는 컬럼비아대의 저명한 수학 교수인 남편의 내조에 억눌렸던 자신의 꿈을 찾기 위해 미술 대학원에서 수업을 듣기 시작한다. 빽빽한 책장과 아늑한 조명이 고풍스러움을 연출하는 학교에서 함께 수업을 듣는 여학생들과 우아하게 차를 마시면서 나누는 이야기는 이랬다.

"졸업하면 무엇을 할 거니?"

"교수가 될 거예요."

"예술가가 되고 싶어요."

순진한 얼굴의 어린 학생들에게 반세기를 살아온 로즈는 되물었다.

"이 학교에서 여성 교수를 본 적 있니? 살아있는 여성 예술가를 본 적 있니? 도대체 대학원을 왜 다니는 거니?"

"좋은 배우자를 만나려고요."

"그럼 비즈니스 스쿨로 가렴, 적어도 그곳엔 멋지고 박식한 남자들이 많을 테니…."

결국 그 길로 여학생들의 반이 학장에게 가서 비즈니스 스쿨로 전과를 요구했고, 이런 발언을 했던 로즈와 그 남편은 학장에게 불려 갔다. 왜 물을 흐리냐는 학장의 말에 로즈의 남편은 이야기한다.

"사실이잖습니까?"

나는 이 장면을 보고 배꼽을 잡고 웃다가 다시 한번 곱씹고는 찝찝한 마음이 들었다.

이 드라마의 배경으로부터 65년이 지난 현재에 되묻고 싶다.

"얼마나 많은 여성 과학자를 봤나요?" "얼마나 많은 기업의 여성 대표를 봤나요?" "얼마나 많은 여성 정치인들을 봤나요?" 라고 말이다.

앤 마리 슬로터의 《슈퍼우먼은 없다》에서는 현재 미국 내 여성들의 위치를 숫자로 이렇게 보여준다. 〈포춘〉 500대 기업 최고경영자 중 6퍼센트, 미국 상원의원 중 20퍼센트, 기업 C-suit 최고 경영진 중 5퍼센트, 로펌 파트너의 20퍼센트, 전일제 종신 교수의 24퍼센트, 외과 의사의 21퍼센트가 여성이다. 투자은행 경영 이사회 시니어 뱅커 중 8퍼센트(이중 절반은 인사나 홍보 담당), 헤지펀드나 사모펀드의 경우 3퍼센트, 기계 관련 엔지니어의 6퍼센트, 세계 억만장자 중 8.5퍼센트가 여성이다. 이 숫자는 그냥 이루어진 것이 아니라 반세기가 넘는 시간 동안 수많은 여성이 싸우고 투쟁해서 얻어낸 결과이다.

사회가 변화되고 여성들의 경제적 참여와 더불어 사회적 참여가 늘어나면서 벌어진 현상은 여성들의 일과 남성들의 일을 분리했다는 것이다. 오히려 이러한 직종에 따른 남녀 격차가 크지 않았던 시기가 바로 전쟁 중이었다.

마리 힉스의 《계획된 불평등》에 따르면, 2차 세계대전 중 많은 남성이 전쟁터로 나가면서 여성들은 전쟁을 지원하는 역할로 일터에 나오게 되었다. 영국은 20~30세의 미혼 여성이나 아이가 없는 과부 등을 '블렛츨리bletchley'로 불러들여 전투 관련 정보를 수집하고 암호를 해독하는 역할을 맡겼다. 전쟁이 끝난 후 일상으로 돌아온 남성들에 의해 그들은 다시 경제적 생산 현장에서 밀려나게 된다. 출중한 기술과 능력이 있음에도 불구하고, 여성이 열등하다는 근거 없는 믿음으로 그들의 능력을 평가절하하고 국가가 나서서 체계적이고 주도적으로 남성과 여성 사이의 계급을 만들어 버렸다. 여성 스스로의 선택이 아닌 사회적 압력에 의해서 단순 기술직과 사무직이 여성의 일이 되면서, 여성이 하는 일은 쉬운 일이 되어버렸고, 여성은 가치가 없는 값싼 인력으로 취급받기 시작했다. 마리 힉스는 국가가 나선 여성의 성차별 문제로 인해 영국은 경제적, 정치적 타격을 입게 되었으며 이는 결국 컴퓨터 산업의 패권을 잃게 된 계기가 되었다고 이야기한다.

'여성은 남성보다 능력이 낮다.' '여성은 결혼하면 직장을 그만둔다.' '단시간 근로할 여성들을 위해 투자를 할 필요가 없다.' '가정과 아이는 엄마가 돌봐야 한다.' '기혼 남성은 가정을 부양해야 하기 때문에 임금이 높아야 한다'라는 여성에 대한 오래된 통념은 현재에도 완벽하게 파괴되지 않았다. 앤 마리 슬로터는 자신이 프린스턴 대학을 다니던 1970년대를 회상하며 이렇게 말했다. "나 역시 아이비리그 졸업생이 직장을 가지지 않는 것을 실망스럽다고 말했을 것이다. 여자들이 노동시장을 빠져나와 아이를 가지면 '교육을 낭비하고 있다'는 비판을 받았고, 그래서 많은 남자가 프린스턴이 남녀 공학이 되는 것에 반대하는 시절이었으니 말이다."✦

여성들이 과거의 통념으로 인해 교육의 불평등 속에 살았던 것이 불과 30년 정도밖에 안 되었다는 것이 놀랍다.

최근 들어 대부분의 고소득국가에서는 대학, 기업, 정부 기관 등에서 의무적으로 조직의 다양성의 비율을 늘리는 정책을 펴고 있다. 대학의 경우 신임 교수의 인종, 성별을 포함한 다양성을 늘리기 위해 학교, 학계, 정부에서 지원을 적극적으로 하고 있고, 심지어 기관의 다양성이 일정 비율 이상이 되지 않으면 정부의 지

✦ 《슈퍼우먼은 없다》, 앤 마리 슬로터, 김진경 옮김, 새잎, 2017.

원을 축소하는 정책까지 펴고 있다. 기업은 다양성 보고서를 발표하고 조직 내에서 여성들이 일-가정 양립을 할 수 있는 복지 정책들을 만드는 등 이공계 대학생의 반 이상이 여성인 현실을 반영하기 위해 정책적인 노력을 하고 있다. 여성이 노동시장에 들어가지 않기 때문에 대학교육은 낭비라고 생각했던 과거가 있었다면, 현재는 대학교육에서 양산되는 여성들을 위한 자리를 노동시장 내에 적극적으로 마련하는 게 미래 사회에서 경쟁력을 갖출 수 있는 대안이 아니겠는가.

중요한 건 정책적인 변화에 이은 사회적 변화가 필요하다는 것이다. 아직도 한국에는 여성 교수가 한 명도 없는 대학들이 있다. 어떤 이는 '여성이 실력이 없어서, 여성이 공학을 못해서, 그렇기 때문에 여성 공대 교수가 없다'고 이야기한다. 기업에서도 마찬가지이다. 관리직 이상에 여성이 없는 이유가 여성이 애 보느라 일하는 데 집중을 못한다고 할 수 있는 것인가? 이 사회는 과거부터 지금까지 이어온 기득권들의 단단한 성벽을 무너뜨리지 않고, 이러한 문제들을 '여자들의 문제'로 치부한다. 그래서 구색을 갖추기 위해서 억지로 교수 회의나 기업 내의 위원회 등에 여성들을 끼워 맞춘다. 여성만의 문제가 아니다. 여성 과학자만의 문제가 아니다. 이는 '다양성'을 향해 도약해야 하는 우리 사회의 모두의 문제인 것이다.

석사를 졸업하고 한국에서 박사를 하겠다는 나의 이야기에 아빠는 오랫동안 침묵했다. 어쩌면 그 침묵은 딸 둘만을 키운 아빠의 마음, 변하지 않은 세상에서 고학력으로 자리 잡지 못할 딸의 미래에 대한 걱정이 아니었을까?

꽃무늬 마스크

✦

미국의 기업과 연구 기관들은 최근 몇년 들어 '다양성과 포용성'에 대한 교육을 시작했다. 미국이란 사회가 다인종 국가와 이민자로 이루어진 국가임에도 우리가 흔히 '주류'라고 부르는 집단은 다양성이 없는 형국이기 때문이다. 우리가 속해 있는 작은 조직부터 지역사회를 넘어 한 국가 안에서 주류가 다양성 없이 천편일률적으로 구성돼 있다면 조직과 국가의 정책 결정 및 제도, 복지 등에 한편으로 치우친 시각이 반영될 수 있다. 조직과 국가에서 결정한 사항이 실제 우리가 사는 삶과 괴리감이 느껴지는 것은 주류에 있는 이들은 겪어보지 못하고 생각조차 못 해본 환경과 생각 그리고 관점이 있기 때문이다. 내가 속한 연구소에서도 다양성에 대한 여러 가지 교육 프로그램이 늘어나고 있다. 평소 과학계에서 소수인 여성이자 미국 사회에서 소수인 동양인으로 살아가는 나에게 다양성은 가장 큰 관심사 중 하나였으며, 그래서 빠짐없이 교육에 참여하려고 한다.

밀레니얼 세대, X세대 그리고 베이비붐 세대가 한 공간, 한 조직에서 일하며 발생하는 소통에 대한 문제, 조직 내에서 가사와 양육을 짊어진 채 매일을 견뎌내는 여성 연구원에 대한 문제, 정규직과 계약직의 관계와 같은 조직 구성원 간의 문제를 다루고 토론하고 해결책을 모색하는 교육은 꽤 유용하다.

그중 기억에 오래 남은 교육은 인종 다양성에 대한 것이었다. 아쉽게도 나는 여덟 시간씩 이틀에 걸쳐 진행된 그 교육을 끝까지 이수하지 못했다.

열다섯 명 정도 참여했던 인종 다양성에 대한 교육은 양복을 쪽 빼입은 흑인 강사가 맡았다. 흑인과 백인이 비슷한 비율로 참여하고 동양인은 나와 인도계 연구원 이렇게 두 명이 전부였다. 강사의 말투는 꽤 공격적이었다. 토론하고 롤 플레이를 하거나 혹은 강사가 잘 정리한 프레젠테이션을 발표하는 여느 교육과 다르게 강사는 그곳에 앉아 있는 이들에게 계속 쏘아붙였다. 그 과정에서 몇몇 참가자와는 격렬한 언쟁이 벌어졌고, 심지어 한 백인 남성은 강사와 싸우다시피 하고 자리를 박차고 나가려다 다른 사람들의 중재로 다시 자리에 앉았다. 보통 휴식 시간이나 점심시간이면 참가자들이 서로 교육에 대해 대화를 나누곤 하는데 그날 그 교육의 쉬는 시간에는 참가자들 사이에 깊은 침묵만 흘렀다.

첫날 교육을 마치고 다음 날 나는 그 교육에 다시 참가하지 않았다. 소수 인종으로서 연구소라는 조직 내에서 나와 같은 소수인에 대한 인식이 달라졌으면 하는 마음으로 참가했던 그 교육은 미국뿐만 아닌 이 연구소라는 조직 내 인종 문제가 흑과 백 혹은 흑과 나머지로 나뉘는 것 같은 느낌이 들었기 때문이다. 다음 날 연구소의 교육 담당자에게서 전화가 왔다. 그는 꼭 할 말이 있다며 전화를 해달라는 음성 메시지를 남겼다. 이미 닫혀버린 마음에 할 말이 뭐가 있을까 싶었지만 인종에 대한 이야기에는 흑백만 있어서는 안 된다고 따질 요량으로 전화를 했다. 그가 말하길 강사가 교육 둘째 날 참석하지 않은 사람들에게 꼭 전해달라는 말이 있었단다. 강사는 자신이 쏘아붙였던 이들을 잘 생각해보라고 했다. 그들의 얼굴색이 어땠는지, 그들의 성별이 어땠는지, 그들의 옷차림이 어땠는지 말이다.

강사와 싸울 듯이 굴다가 앉았던 사람은 곱슬거리는 흰머리를 정리도 하지 않은 채 야구 모자를 눌러쓰고 청바지에 티셔츠 차림에 배낭을 들고 있던 백인 남성이었다. 쉬는 시간이 끝나고 강사가 왜 늦게 들어왔느냐고 나무랐던 사람은 노 타이 셔츠와 벨트 없는 면바지에 운동화를 신은 중년 백인 남성이었다. 강사가 그들에게 쏘아붙였던 이유는 백인 남성으로 태어나는 순간부터 특권인 그들에게 흑인이, 여성이 늘 당하는 편견과 차별을 느끼게 하려고 일부러 연기한 것이라는 설명이었다. 교육 담당자는 강사가 나처럼 하루만 참석하고 중도 포기한 이들이 혹시나 이 교육에 선입견이 생겼을까 싶어서 자신의 행동이 교육을 위해 일부러 연기한 것임을 전해달라고 부탁했다고 했다.

교육 담당자의 말을 듣고 강사의 행동을 곱씹어보았다. 부스스한 흰머리에 야구 모자를 쓰고 청바지를 입은 사람과 언쟁하면서 강사는 이런 말을 했다. "나는 당신처럼 입고 일터에 갈 수가 없다. 내가 당신같이 정리되지 않은 머리에 야구 모자를 쓰고 청바지를 입고 일터에 간다? 그러면 그날은 내가 해고되는 날이다." 노 타이 셔츠를 입은 사람에게는 "당신은 그렇게 입고 일터에도 가고 저녁에는 레스토랑에도 가고 클럽에도 가겠지만, 나 같은 사람에게는 일터의 복장, 레스토랑 갈 때의 복장, 클럽 갈 때의 복장이 다 따로 있다. 내가 원하는 게 아니라 세상이 나를 그렇게 만든다. 이해할 수 있는가?" 그는 또 이사할 집을 보러 다닐 때 부동산 중개인이 한 말도 이야기했다. 부동산 중개인이 보여주는 곳들은 소위 학군이 좋지 않고 편의 시설이 부족한 오래된 동네였다. 강사가 '나는 A 지역 집을 사고 싶다'고 했더니 부동산 중개인은 '그곳은 백인 동네'라고 말했단다.

미국 사회에서, 더군다나 조직 내에서 인종에 대해 이야기하는 것은 암묵적으로 금지되어 있다. 그러나 꼭 닫고 있는 입과는 달리 편견과 차별이 사람들의 삶 속에 고스란히 배어 있음을, 끝까지 이수하지 못한 그 교육을 통해 느꼈다.

미국 사회에는 코로나19로 인한 팬데믹과 더불어 흑인 인권운동에 대한 팬데믹이 몰려왔다. 시작은 백인 경찰의 강압적인 체포 과정에서 사망한 흑인 조지 플로이드의 죽음이었지만, 결과적으로 이 사회에 속한 우리 모두의 눈 속에 남아 있던 편견의 껍질을 벗겨내는 계기가 되었다. 어쩌면 코로나19로 인해 사회적 약자와 불평등의 고리가 드러날 때부터 또 다른 팬데믹의 서막이 올랐는지도 모른다.

내가 살고 있는 미국의 동남부인 조지아주에서는 코로나19로 인한 락다운이 시작되던 무렵 복면 금지법에 대한 문제가 제기되었다. 애틀랜타 시장인 키샤 랜스 보텀스는 경찰에 애틀랜타 시내에서 이 법률을 적용하지 말고 마스크 쓴 사람을 체포하지 말라고 명령했고, 조지아주 민주당 진영에서는 주지사에게 복면 금지법의 효력 정지를 요청하는 편지를 보냈다. 시카고에서 마스크를 쓰고 월마트에 들어가던 흑인 두 명이 마스크 착용이 불법이라며 경찰에 의해 강압적으로 쫓겨난 사건 직후였다. 특히 흑인 남성들의 마스크 착용에 대한 반대와 거부감은 그들을 선천적 범죄자로 인식하는 이 사회의 편견의 뿌리를 적나라하게 보여주는 계기가 되었다.

그러나 이 복면 금지법의 시작점을 찾아보면 이야기는 달라진다. 1951년에 제정한 이 법안은 공공장소나 타인의 개인 소유지에서 허락 없이 얼굴을 가리는 마스크나 복면을 착용하는 것을 금지하는 것으로, 당시 백인 우월 단체(Ku Klux Klan, KKK) 단원들이 복면을 하고 흑인에게 집단 폭행을 하는 행위를 막기 위한 법안이었다. 70여 년 전 흑인을 보호하기 위해 만든 법이 현재는 거꾸로 흑인들의 삶을 위협하는 법이 되었다. 현재 노스캐롤라이나에서는 8월 1일까지 효력이 정지된 복면 금지법의 효력 정지 기간 연장을 주장하는 민주당과 만료를 주장하는 공화당 의원 간에 설전이 벌어지고 있다.

전염병에 대한 공포와 마스크 착용을 두고 벌어지는 정치적 설전 가운데는 목숨을 지키고자 하는 이들이 있다. 오랜 시간 동안 대를 이어 내려와 뼛속까지 박힌 차별과, 태어나면서부터 받는 편견이라는 시선 속에서 전염병의 공포에도 불구하고 끝내 마스크를 쓰지 못하는 이들이 있다. 우리 팀의 유일한 흑인 동료는 며칠 전 나에게 트위터 링크 하나를 보내왔다. 성인 흑인 남성을 아들로 두고 있는 그가 보낸 링크에는 꽃무늬 마스크를 쓴 흑인

청년의 사진이 있었다.

"나는 독이 묻은 마스크를 받았다. 내가 흑인인 것을 잊어라. 내가 크다는 것도 선천적으로 눈이 좀 빨갛다는 것도, 내가 미국에 있다는 것도. 나는 새 꽃무늬 마스크를 썼다. 쏘지 말아라! 진짜로 쏘지 말아라."

이 꽃무늬 마스크가 이 사회에 폭풍같이 몰아친 생존의 문제를 해결할 수 있을까?✦

✦ 〈에스콰이어〉 2020년 8월 호에 기고한 글 〈편견으로 점철된 흑인 인권 운동의 미래는?〉을 다듬어 실었다.

젠더 평등은 얼마나 걸릴까?

✦

빌 앤드 멜린다 게이츠 재단에서는 "젠더 평등은 언제쯤 이루어질 수 있을까요?"라는 제목의 영상을 공개했다. 이 영상에서 인터뷰어는 대학생들에게 동일한 질문을 던졌다. 어떤 사람은 30~50년이라고 했고, 어떤 사람은 5~10년, 어떤 사람은 "결코" 이루어지지 않을 것이라는 부정적인 대답을 했다. 세계경제포럼이 데이터를 분석한 결과 현재 상황에서 젠더 평등은 무려 208년 후에나 이루어질 것이라고 전망한다. 208년이란 정답을 들은 그들의 표정은 그야말로 충격 그 자체였고 허망한 심정을 그대로 보여줬다.

'지금은 시대가 좋아진 거야.' '여자들이 살기 좋은 세상이야.' '여자들 많이 컸어.' '여자들 때문에 우리는 다 해외 나가서 취업해야 해'라는 말을 하며 젠더 평등이 이루어졌다고 착각하는 이들이 주위에 수없이 많다.

그렇다. 다 착각이다!

이 인터뷰에서 한 여학생은 재무 전공 수업의 유일한 여학생이었다고 이야기한다. 아직도 여성들은 기업의 서류 심사에서 여성이라는 이유로 '제외'되고, 여성과 남성의 임금 차별은 계속 존재하며, 여성이 이 사회에서 출산과 육아, 가사로 인해 받는 불평등은 어느 곳에서도 정당하게 취급받지 못하고 있다. 그리고 한국에서는 출산율 저하의 책임을 여성들에게 돌리는 어처구니없는 일이 벌어지고 있다.

멜린다 게이츠는 "우리는 지금 당장 이를 위해 뭔가를 해야 한다We have to something about this NOW"라고 이야기한다. 그럼 지금 당장 할 수 있는 일이 무엇일까? 빌 앤드 멜린다 게이츠 재단은 젠더 평등을 위해서 앞으로 10년간 10억 달러를 사용하겠다고 발표하며 세 가지에 중점적으로 기여하겠다고 했다. 첫 번째는 여성이 사회에서 직접적인 성취를 이루려고 할때 이를 가로막는 벽을 없애는 것이다. 여성에게 집중되는 돌봄 노동과 성희롱과 차별, 그리고 성 역할에 대한 고정관념과 편향적 사고방식이라는 벽을 없애는 것 말이다. 두 번째는 기술 분야, 미디어와 정부 기관 등 사회에 영향을 줄 수 있는 분야에 진출할 여성 리더를 배출하는 것이다. 이런 분야는 남성이 주도하며 그들이 빠르게 선점하도록 설계되어 있다. 다양한 배경을 가진 여성들이 진입할 수 있는 다양한 경로를 만들어야 한다. 세 번째는 기업을 움직이는 주주, 소비자, 투자자와 직원들을 통해 기업에 압력을 주는 것이다.

돌봄의 무게를 덜 수 있는 출산 휴가·병가에 대한 정책도 필요하고, 여성들에게 맞는 멘토십과 더불어 스폰서십도 필요하다. 기술 분야와 정부 기관에서는 여성 유급 인턴을 더 채용하고, 여성들에게 "바쁘기만 한 의미 없는 일"만을 할당하는 것이 아닌 "중요하고 가치 있는 일"을 주고 의욕을 높일 수 있도록 노력해야 한다고 이야기한다.

8살인 큰아이와 6살인 작은 아이는 요즘 자주 싸운다. 질투라는 건 모를 것 같았던 큰아이는 가끔 '나 질투나'라는 소리도 곧잘 하고 둘째는 늘 일을 저지르고 형에게 미안하다며 편지를 건넨다. 이 두 녀석이 요즘 들어 더 자주 사용하는 말이 있는데 "불공평해"라는 말이다. 툴툴 불만에 가득 찬 얼굴로 이 말을 꺼낼 때면 남편과 나는 빨간펜을 든다. "불공평하다는 말은 비교대상이 있어야 하는 거야. 아무 때나 쓰는 말이 아니야!"

앤 마리 슬로터는 그의 책에서 아이들이 자주 하는 말인 "불공평해"라는 말에 대한 해석을 이렇게 이야기한다. '힘을 가진 사람들이 권력을 남용하고 자신들에게 이익이 되도록 규칙을 만들거나 없앨 때 느끼는 두려움을 반영한다'라고 말이다. 불공평하다는 말만큼 자주 쓰는 "나한테 관심 없잖아"라는 말은 어린이, 늙은 사람, 병든 사람, 장애인 등 모든 여리고 의존적인 사람이 버려질까 봐 두려워하는 마음을 반영한다고 이야기한다.

어떤 사람들은 여성이 불공평하고 사회의 관심 밖에 있는 약자라고 이야기하면 펄쩍 뛴다. 남성 중심적인 사회를 공고히 지켜왔던 과거, 그리고 그 공고한 벽을 깨고자 투쟁했던 여성들의 역사는 여성이 약자이자 소수자임을 기록으로 남겨두고 있다. 불공평은 사회가 이들의 문제를 보지도 듣지도 않고, 동등한 권리를 주지 않았던 것을 뜻하고, 관심이 없다는 것은 약자들이 평등을 주장하지 않으면 사회는 눈길조차 주지 않았다는 것을 의미한다.

이제는 여성을 포함한 사회적 약자의 외로운 외침만으로는 어려운 시대가 왔다. 다양성은 더 이상 여성에 국한된 사회적 이슈가 아닌 경제와 사회를 건강하게 유지하고 지속 가능한 발전을 가능케 하는 원동력이라는 것에 전 세계가 동의하고 있다. 정책을 만들고 사회를 이끌어 나가는 자리에 여성이 단단하게 설 수 있을 때, 젠더 평등은 더 빨리 이루어질 수 있다.

게이츠 재단의 목표는 2030년이다. 그때까지 젠더 평등을 위해 여성들은 더 목소리를 높이고, 언니들은 긴밀히 연대해야 한다. 10억 달러라는 큰 숫자보다 10년이라는 작은 숫자에 눈길이 간다. 앞으로의 10년은 그 이후 미래를 살아갈 이들의 디딤돌이기 때문이다.

마흔의 꿈

✦

새벽 출근은 늘 힘에 부친다. 눈 뜨기도 버겁고, 손에 쥔 핸드폰의 알람을 서너 번을 끄다가, 문득 그날 해야 할 일들이 머릿속에 떠오르면 그제서야 겨우 이불 속을 비집고 일어난다. 매일의 일상이지만 매일이 그렇게 버겁다. 다행인지 불행인지 출근 준비 시간은 그리 오래 걸리지 않는다. 상의를 꺼내 입으려 서랍을 열었다가 문득 생각했다. '어제 무슨 색을 입었지?'

검정-남색-회색-검정-회색의 무채색으로 채운 이번 주가 떠올랐다. 결국은 카키색 니트를 하나 꺼내 입었다. 옷을 새로 사도 늘 손에 쥐는 건 무채색이다. 큰아이가 3살 때쯤, 세일해서 사온 검정과 흰색 스트라이프 바지를 내밀며 이야기했다. "이건 우리 다엘이꺼!" "아냐, 이거 엄마 거잖아. 내 것 아니야!"라며 내 손을 뿌리쳤다. 그러고 보니 즐겨 입는 옷 색깔에 무채색 스트라이프도 있었구나.

얼마 전 언제 마지막으로 입었는지 기억나지도 않는 분홍색 옷을 입었다. 여성이 마흔이 넘으면 해야 하는 필수 검진에 유방암 조영술mammogram이 들어간다. 미국에서는 마흔이 되기 전에는 별다른 이상이 없는 한 의사가 소견서를 주지 않는다. 작년 말 정기검진을 받고 의사에게 받은 소견서 한 장을 들고 집에서 가까운 종합병원의 검사실에 갔다. 오래된 건물 내부에는 더 오래되어 보이는 앤틱한 의자들이 있었고, 어디선가 울리는 전화벨 소리는 요즘은 듣기 힘든 '따르릉' 소리를 내고 있었다.

"전에 여기 온 적 있어요?"

"아니요. 오늘이 처음인데요."

"검진이 처음이에요? 긴장하지 마세요."

검사실의 담당자는 인적사항을 몇 가지 확인하고 나에게 분홍색 옷이 있는 곳으로 안내했다.

"상의만 벗고 이 가운 입으시고, 밖에 대기실에서 기다리시면 돼요."

그렇게 분홍색 가운을 입었다. 걸걸한 목소리에 강한 남부 억양을 쓰는 조영술 기사는 내 어깨를 살짝 안으며 검사실로 안내했다. 인적 사항과 신체 사항 몇 가지를 물어보고 커다란 유방촬영기 앞에 섰다. 기사는 내 키에 맞게 기계를 조절하면서 끊임없이 이야기한다. 애써 괜찮은 척하며 분홍색 옷 안에 숨어 있는 팔딱거리는 심장 소리를 들었는지 잘하고 있다면서 칭찬을 쏟아붓는다. 유방암 검사는 유방을 기계로 압착시켜서 X-ray를 찍는 방법인데, 수평면과 사선으로 두 번 촬영한다. 누군가 살을 꼬집어도 아픈데, 기계로 가슴을 짓누르는 아픔은 수십 배 더 컸다. 아니, 사실 아픔이 크게 느껴지지 않았다. 끊이지 않는 수다로 내 혼을 쏙 빼놓은 기사의 말을 알아듣기 바빠서 아픔을 느낄 여유가 없었다. 채 5분도 되지 않아 촬영이 끝났다.

"이게 다야?"

"응, 다 끝났어. 넌 이제 어른이 된 거야!"라고 말하며 긴 팔을 벌려 나를 안아주었다. 마지막 서류에 사인하고 탈의실에서 분홍색 가운을 벗어두고 나왔다. 접수원은 잘 가라는 말을 하며 한마디를 더 한다.

"너는 이제 한 걸음을 더 내디딘 거야."

나는 마흔이란 나이를 유방조영술 기사와 접수원의 열렬한 축하를 받으며 실감했다. 서른아홉과 마흔 사이의 모호한 경계를 별 탈 없이 넘어버렸다. 국민학교 시절 뉴스에서는 '40대 가장의 갑작스러운 죽음' 같은 기사가 연일 나왔었고, 당시 40대인 아빠가 어떻게 될까 두려워 나에겐 40이란 숫자가 두려운 숫자이기도 했다. 끝나지 않을 것 같았던 긴 터널을 지나 안정감은 있어 보이나 아직도 여전히 흔들리고 있는 나이. 가정이 있고 아이가 있어 다 커버린 것 같으나 아직 성숙하지 않은 분홍색의 무언가가 마음속에 남아 있는 나이. 그 나이가 마흔인 것 같다.

언젠가 부모님은 인플루엔자 유행으로 TV에 나온 당시 세계보건기구 사무총장인 마거릿 챈을 보시고 전화로 나에게 이런 말을 했다.

"여자가 사무총장이던데, 너도 저렇게 될 수 있는 거 아니야?"

나는 내 주제를 안다. 나름대로 분석을 잘하는 과학자이자 현실을 직시하는 성격인지라 부모님의 말씀에 또박또박 따지며 왜 말이 안 되는지도 설명할 수 있다. 하지만 결국 그 말을 '하하'

하고 웃어 넘긴 이유는 거기에 '꿈'이 담겨 있었기 때문이다.

물론 지금까지 꾸어온 꿈은 한 번도 이루어진 적이 없다. 그러나 그 꿈이 나의 꿈이었든, 부모님의 꿈이었든, 적어도 소망을 품고 좀 더 멀리 바라볼 수 있는 삶의 원동력은 되었다.

나이 마흔에 주책없이 꿈을 또 꿔본다. 젊다고 생각하는 시기인 30대를 지났고, 기성 세대에겐 아직 철이 없어 보이는 딱 중간에 낀 세대가 되었다. 베이비붐 세대와 밀레니얼 세대 사이에서 할 수 있는 일들이 앞에 있고, 희망에 찬 무모한 도전보단 될 성부른 준비된 도전을 할 수 있다. 과거에 대한 추억을 디딤돌 삼아 설레는 미래를 준비해봄 직한 나이가 되었다. 비록 유방 조영술을 하듯 조심스레 한발 한발 두들겨보며 나아가야 하는 길이지만, 좀 더디 걷는 길일지라도 꿈이라도 즐겁게 꾸어보련다.

올리버 색스의 말처럼 '지적으로, 창조적으로, 비판적으로, 생각을 불러일으키도록' 지금의 시대를 글로 남기면서, 나의 과학을 글로 남기면서 말이다.

찾아보기

✦

ㅈ

ㅊ

ㅋ

ㅌ

ㅍ

ㅎ

사이언스 고즈 온

1판 1쇄 펴냄 2021년 4월 29일
1판 2쇄 펴냄 2022년 10월 28일

지은이 문성실
펴낸이 안지미

펴낸곳 (주)알마
출판등록 2006년 6월 22일 제2013-000266호
주소 04056 서울시 마포구 신촌로 4길 5-13, 3층
전화 02.324.3800 판매 02.324.7863 편집
전송 02.324.1144

전자우편 alma@almabook.com
페이스북 /almabooks
트위터 @alma_books
인스타그램 @alma_books

ISBN 979-11-5992-330-2 03400

알마는 아이쿱생협과 더불어 협동조합의 가치를 실천하는 출판사입니다.

이 책은 아리따 글꼴을 사용하여 디자인하였습니다.